Abraham Lincoln

Abraham Lincoln

von

Carl Schurz.

Aus dem Englischen übersetzt von Mary Nolte.

Mit einem Bildnis.

Berlin.
Druck und Verlag von Georg Reimer.
1908.

Vorwort.

Die Gestalt des Präsidenten Abraham Lincoln ist
: unserem deutschen Vaterlande, trotz der vielen
nteressen, die uns mit den Vereinigten Staaten von
merika verbinden, kaum gebührend bekannt. Um so
eudiger ist es zu begrüßen, daß bewährte Freunde der
amilie des verstorbenen Carl Schurz die Veröffent-
chung einer deutschen Übersetzung seines Lebensbildes
brahani Lincolns anregten, welche im vorliegenden
ändchen den deutschen Lesern dargeboten wird.

Ein getreues Bild Lincolns zu entwerfen scheint
um jemand mehr berufen als der alte Achtundvierziger,
er in Amerika eine zweite Heimat fand und in persön-
cher warmer Freundschaft mit Lincoln verbunden war.
chon in den unlängst erschienenen „Lebenserinnerungen"
on Carl Schurz, deren zweiter Band sein Leben in
merika schildert, waren zur Freude der zahlreichen
eser manche treffende, Lincolns Wesen charakterisierende
üge enthalten. Hier bietet sich uns nun eine ab-
erundete Würdigung des klugen, menschenfreundlichen
lannes, des Sklavenbefreiers, aus der Feder eines
iner aufrichtigsten Freunde und Bewunderer.

Daß dies Büchlein wie auch der zweite Band d
„Lebenserinnerungen“ von Carl Schurz in englisch
Sprache geschrieben wurden, beweist uns, wie se
Amerika dem politischen Flüchtling zur zweiten Heim
geworden war. Er schrieb für Amerikaner, er, d
ihre Institutionen, ihre Gewohnheiten und ihre Gefüh
genau kannte, der selbst einer ihrer hervorragendsten Staat
bürger geworden war. Und doch verleugnet er niemal
seine deutschen Ideale. Seine Persönlichkeit bildete eine
Mittelpunkt des deutschen Lebens in den Vereinigte
Staaten, und er wurde zu einem starken Bindeglied
zwischen dem vornehmsten Geistesleben hüben und drüber
Denn wenn er auch die freieren Verhältnisse und di
sonstigen Vorzüge seiner neuen Heimat begeistert preis
so trägt doch gerade er die Pflichttreue und de
Idealismus des alten Vaterlandes in die neuen Ver
hältnisse hinein. Und aus dieser Pflichttreue und diesem
Idealismus erwächst ihm auch das rechte Verständni
für die Persönlichkeit Abraham Lincolns.

Bremen, im November 1908.

Mary Nolte

Kein Amerikaner kann sich ohne eine gewisse Überschwenglichkeit des Gefühls mit der Persönlichkeit und dem Lebenslaufe Abraham Lincolns beschäftigen. Wir sind eben stets geneigt, das, was wir lieben, zu idealisieren; und diese Gemütsverfassung ist für nüchterne Kritik und sachliches Urteil sehr ungünstig. Es ist daher nicht verwunderlich, daß die meisten derjenigen, welche über diesen außerordentlichen Menschen geschrieben oder gesprochen haben, selbst wenn sie sich gewissenhaft bemühten, ein in allen Zügen genau ähnliches Bild zu zeichnen und eine gerechte Würdigung seiner öffentlichen Tätigkeit darzubieten, doch in eine Strömung von mehr oder weniger unterschiedslosen Lobeserhebungen geraten, seine Vorzüge in den glühendsten Farben schildern und alles, was auch nur wie der geringste Tadel erscheinen könnte, möglichst in den Schatten rücken.

Lincolns Stellung in der Weltgeschichte gewinnt jedoch weder durch das bloße Lob seiner Charaktereigenschaften und Fähigkeiten, noch durch das Verschweigen der Grenzen seines Könnens und seine Fehler an Bedeutung. Das Bild dieses großen Mannes dessen besonderer Reiz darin bestand, daß er so anders war wie alle anderen großen Männer, kann durch schwärmerisches Idealisieren, das so leicht trivial wird eher verlieren als gewinnen. Denn gerade die eigentümliche Verschmelzung der Eigenschaften und Kräfte seiner Persönlichkeit, das Gemisch von Erhabenem und Alltäglichem, von idealer Gesinnung und derbem Wesen, von dem, was er geworden war, und dem was er nicht aufgehört hatte zu sein, machte ihn zu einer hervorragenden und fesselnden Persönlichkeit verlieh ihm eine eigentümliche Macht über die Geister und Herzen seiner Landsleute und befähigte ihn, in der schwersten Krisis, die im nationalen Leben Amerikas je entstanden ist, ihr größter Führer zu sein.

In der Tat war er ein merkwürdiges Erzeugnis amerikanischer Verhältnisse. Staatsmänner und Feldherren, die in einer Blockhütte geboren und erzogen wurden, sind freilich in der amerikanischen Geschichte keine Seltenheit; aber wir können unter unseren berühmten Männern vergebens einen suchen, dessen Abkunft und dessen Jugendjahre so elend waren, wie diejenigen Abraham Lincolns. Er erblickte das Licht die Welt in Kentucky, in einer armseligen Hütte. Die väterliche Farm bestand aus ein paar unfruchtbaren

Morgen Landes in einer öden Gegend. Sein Vater war er Typus eines „armen Weißen" aus den Südstaaten, n höchsten Grade unpraktisch, ohne jeden Gedanken der ürsorge für die Zukunft und ohne allen Ehrgeiz, eder für sich noch für seine Kinder; er schaute stets ach einem andern Stück Land aus, wo er seinen ebensunterhalt verdienen könnte, ohne viel zu arbeiten. ie Mutter war in ihrer Jugend hübsch und frisch ewesen, aber sie war durch die täglichen Sorgen und ümmernisse vorzeitig gealtert, ihre Schönheit verlüht, ihr Gemüt verbittert. Das ganze Haus war hmutzig, verkommen, freudlos, aller erhebenden Elemente bar. Das wurde erst anders, als die Familie ach den fieberverseuchten Urwäldern von Indiana ausgewandert" war, als die Mutter starb, und eine nergische, praktische und sparsame Stiefmutter die Sorge für die Kinder auf sich nahm. Dann erst begann der einsame, verwahrloste, nunmehr siebenährige Knabe, der barfuß und in Lumpen gehüllt mherlief, „sich als Mensch zu fühlen". Schwere Arbeit oar schon früh sein Los. Als Knabe mußte er bereits ur Erhaltung der Familie mit beitragen, entweder uf seines Vaters dem Urwald abgerungener Farm, oder als Tagelöhner bei anderen Farmern, wo er pflügen, Gräben ziehen, Ochsenwagen fahren oder gar, venn die Farmersfrau sonst in Anspruch genommen

war, das Kind in der Wiege hüten mußte. Er konnt
es einen großen Fortschritt, gewissermaßen das Ei
treten in ein höheres Tätigkeitsgebiet nennen, als
in dem „Laden an der Wegkreuzung" Arbeit erhiel
Hier unterhielt er die Kunden am Ladentisch dur
seine lebhaften Gespräche und erwarb sich bald b
den Hinderwäldlern den Ruf eines Mannes, dem e
sich lohnte zuzuhören. Um diesen Ruf zu erlangen un
zu erhalten, war er eigentlich ganz auf seinen eigene
Mutterwitz angewiesen, denn, wenn auch sein Wissens
durst groß war, so gab es betrübend wenig Gelegen
heiten ihn zu stillen.

In der Schule, einem entlegenen Blockhause, da
er nur wenig besuchen konnte, bot sich ihm nur Ge
legenheit Lesen, Schreiben und etwas Rechnen z
lernen. Unter den Ansiedlern, Buschfarmern un
kleinen Händlern, fand er keinen von außerordentliche
Intelligenz oder Bildung; aber einige besaßen ei
paar Bücher, und diese borgte er fleißig. Er la
wiederholt die Fabeln des Äsop und lernte aus ihnen
eine Sache knapp und zugespitzt zu erzählen und sein
Rede mit Gleichnissen zu schmücken. Er las Robinso
Crusoe; er las die bei den englischsprechenden Natio
nen so verbreitete religiöse Allegorie John Bunyans
The Pilgrim's Progress. Er las ferner eine kurz
Geschichte der Vereinigten Staaten und das Leben

ashingtons von Weem. Bei dem Stadtkonstabler
s er die revidierten Gesetze und Verordnungen des
taates Indiana. Jedes gedruckte Blatt, welches
m in die Hände fiel, verschlang er geradezu. Ver-
andte und Freunde sahen mit Staunen, wie der
nderbare, ungeschlachte Knabe nach der Tagesarbeit
einem Winkel der Blockhütte oder im Schatten eines
aumes sich hinhockte, ganz in ein Buch vertieft,
ährend er langsam an seinem Abendessen von Mais-
ot kaute. Auf diese Weise erwarb er allmählich
nige Kenntnisse und überraschte die Schwestern
anchmal mit erstaunlichen Mitteilungen, so z. B.
ß die Erde um die Sonne kreise, und nicht die Sonne
m die Erde. Die Mädchen wunderten sich dann sehr,
oher wohl nur „Abe" so seltsame Ansichten habe.
ald fühlte er auch den Trieb zum Schreiben; er
achte nicht nur Exzerpte aus Büchern, die er nicht
vergessen wünschte, sondern schrieb kleine eigene
ufsätze. Diese schrieb er erst in Kladde mit Holzkohle
uf eine weißgescheuerte Holzschaufel oder auf
chindeln von Lindenholz. Dann machte er eine Rein-
hrift auf Papier, welches im Lincolnschen Hause ein
ltener Artikel war. Also befleißigte er sich sehr,
ine Ausdrücke so knapp und inhaltreich wie möglich
gestalten, um damit möglichst wenig Raum ein-
unehmen — ein stilbildnerisches Verfahren, das nicht

genug empfohlen werden kann. Als er eines Tage
sah, wie mutwillige Knaben eine glühende Kohle a
die Schale einer Schildkröte legten, schrieb er sofo
über Tierschutz. Der Anblick Betrunkener regte ih
an, über Enthaltsamkeit zu schreiben. Auch im Vers
schreiben versuchte er sich und in der Satire auf solch
die ihm oder anderen mißliebig waren — eine Satir
deren derber Witz nicht immer für verfeinerte Ohre
taugte. Auch Gedanken über Politik brachte er z
Papier, und einige seiner Artikel wurden sogar fü
würdig befunden, im „Wochenblatt" des Distriktes ve
öffentlicht zu werden.

So wuchs sein Ruf als kluger junger Mann i
der ganzen Umgegend, und er erhöhte diesen Ru
noch durch seine Leistungen als Redner. Nicht selte
zog er sich nämlich die Unzufriedenheit seiner Arbeit
geber dadurch zu, daß er auf freiem Felde, auf irgend
einem Baumstumpf stehend, die Farmarbeiter durc
kleine lustige oder auch ernsthafte Reden von ihre
Feldarbeit abhielt. Bei den bäurischen Vergnügunge
der Ansiedler wurde er bald eine leitende Persönlichkeit
Er wußte viele Witze zu machen, drollige Geschichte
zu erzählen, und die reisenden Wanderprediger, di
vorbeikamen, trefflich nachzuahmen, und zugleich wußt
er auch bei den Ringkämpfen seinen Leistunge
Geltung zu verschaffen, denn schon mit siebzeh

Jahren hatte er seine ganze Größe von sechs Fuß vier Zoll englisch in Strümpfen — wenn er gerade welche besaß — erreicht und war ein erschreckend muskulöser, kräftiger Bauernbursche. Er brauchte seine außerordentliche Kraft anerkanntermaßen nie zum Schaden oder zur Demütigung anderer, sondern eher um ihnen einen guten Dienst zu leisten, oder um Geradheit und anständige Gesinnung bei ihnen zu unterstützen. All dieses machte ihn in der Hinterwäldlergesellschaft sehr beliebt, wenn er auch in manchen Dingen seinen Freunden sehr sonderbar vorkam. Nicht nur daß er mehr als all seine Genossen dem Lesen ergeben war, sondern oftmals versank er auch in längeres, tiefes Sinnen oder in seltsame Anfälle von Melancholie, aus denen er dann plötzlich zu übermütigen Ausbrüchen von Heiterkeit erwachte und seinen drolligen Humor lustig spielen ließ. Im ganzen jedoch glich er den Leuten, unter denen er lebte. Äußerlich war er vielleicht noch ungehobelter und derber als die meisten von ihnen — ein großer, starkknochiger Jüngling mit groben Zügen, dunkler, faltiger Haut und widerspenstigem Haar. Er hatte unverhältnismäßig lange Arme und Beine. Letztere staken stets in hirschledernen Hosen, die infolge vielfacher Regenschauer derartig eingelaufen waren, daß sie viel zu eng geworden waren und zwischen ihrem unteren

Saum und den schweren braune Schuhnen ein paa Zoll vor Kälte blauangelaufener Haut sehen ließen meistens waren sie an einem einzigen Hosenträge über dem rauhen Hemd von Hausmacherleinen be festigt. Sein Haupt bedeckte im Winter eine Mütz von Waschbärfell, im Sommer ein grober Strohhu ohne Band und von zweifelhafter Form und Farbe

Seiner Umgebung scheint er sich kaum überlegen gefühlt zu haben, obgleich er zugab, daß er große Sehnsucht habe, die Welt, die außerhalb seines enger Kreises lag, kennen zu lernen. Seine Sehnsucht wurde erfüllt, aber wie? Mit neunzehn Jahren fuhr er als Schifferknecht auf einem Schleppkahn den Mississipp hinunter nach New Orleans, wählte also zeitweilig einen Beruf, dessen Mitglieder damals noch stolz darauf waren „halb Pferd, halb Alligator“ genannt zu werden. Nach seiner Rückkehr lebte und arbeitete er in der altgewohnten Weise bis, im Frühling 1830, sein Vater abermals „auswanderte“, diesmal nach Illinois. Auf der vierzehntägigen Reise dahin mußte „Abe“ den Ochsenwagen fahren, der all das Hausgerät der Familie enthielt. Wieder wurde eine Blockhütte gebaut, und beim Errichten einer Einfriedigung spaltete Abraham Lincoln jene geschichtlich berühmt gewordenen Holzstämme, die achtundzwanzig Jahre später bei der Präsidentschaftswahlkampagne eine o wirkungsvolle, ja, geradezu dramatische Rolle pielen sollten.

Als er majorenn geworden war, verließ Lincoln eine Familie, um „auf eigenen Füßen zu stehen". Er mußte „jede Arbeit tun, die sich ihm bot". Zunächst führte ihn diese wieder als Schifferknecht nach New Orleans, und dort geschah etwas, das einen gewaltigen und dauernden Eindruck auf seine Seele machte. Er wohnte einer Sklavenauktion bei. „Das Herz blutete ihm", schrieb einer seiner Kameraden. „Er sagte zwar nicht viel; er schwieg, aber er sah chlecht aus. Ich weiß bestimmt, daß er auf dieser Reise sein Urteil über die Sklavereifrage gebildet hat. Damals, im Mai 1831, bohrte sich ihm der Stachel dieser Ungerechtigkeit in die Seele. Ich habe es ihn oft sagen hören."

Darauf lebte Lincoln mehrere Jahre in New Salem, Illinois, einem jener elenden Dörfer mit einer Mühle und einigen „Läden" und Whiskyverkaufsstellen, Dörfer, die damals wie Pilze aus der Erde emporschossen und eben so schnell wieder verschwanden. Sein Leben war öde, ziellos, halb Arbeit, halb Bummelei, mit dem einzigen Zweck, von einem Tag zum andern Nahrung und Wohnung zu erwerben, ein rechtes von der Hand in den Mund leben. Er arbeitete heute als Lotse auf einem Mississippidampfer, morgen als Kommis in einem Laden oder einer Mühle; ging ein Geschäft ein, so war er einige Zeit arbeitslos. Als er genötigt wurde, seine Kräfte mit deren des berühmtesten Raufboldes der Umgegend zu messen, und ihn überwand, wurde er sofort in jener muskelkräftigen Gemeinde eine hervorragende Persönlichkeit. Ja, er gewann sich die Achtung und Freundschaft der Anführer jener Kampfhähne in so hohem Grade, daß, als der Krieg gegen den berühmten Indianerhäuptling Black Hawk ausbrach, sie ihn, einen jungen Menschen von dreiundzwanzig Jahren, zum Hauptmann einer meist aus rauflustigen Burschen ihres Schlages bestehenden Freiwilligenkompanie erwählten. Er führte sie ins Feld; seine beachtenswerteste Heldentat war aber nicht, daß er Indianer tötete, sondern daß er einen alten Rothäuter, der sich in sein Lager verirrt hatte, mit Lebensgefahr vor der Wut seiner eigenen Leute schützte.

Als der Krieg gegen Black Hawk beendet war, wandte er sich der Politik zu. Der Schritt von der Hauptmannschaft einer Freiwilligenkompanie zur Kandidatur für einen Sitz in der Legislatur des Staates erschien als ein ganz natürlicher. Die Beliebtheit, deren er sich beim Volke von New Salem in so hohem Maße erfreute, hatte sich jedoch nicht über den ganzen Distrikt verbreitet, und er unterlag. Darauf fing das jämmerliche von der Hand in den Mund leben von neuem

ieder an. Er „errichtete ein Ladengeschäft“ mit
nem liederlichen Teilhaber, der sich in Whisky betrank,
ährend Lincoln in seinen geliebten Büchern studierte.
ie Folge war natürlich ein vollständiger Bankerott
nd eine erdrückende Schuldenlast. Dann wurde er
ellvertretender Feldmesser und wurde zum Post-
eister von New Salem ernannt. Die Geschäfte seines
ostamts waren so gering, daß er die ein- und aus-
ehende Post bequem in seinem Hute tragen konnte.
ll dies konnte ihn selbstredend der Armut nicht ent-
eißen, und so wurden bald seine Feldmeßinstrumente
nd sein Pferd und Sattelzeug vom Gerichtsvollzieher
ır Deckung seiner Schulden verkauft.

In all diesem Elend jedoch strebte sein Ehrgeiz
öheren Zielen zu. Er ließ es sich nicht verdrießen,
eilenweit zu wandern, um von einem Schullehrer
ne Grammatik zu borgen, nach deren Regeln er
ine Sprache zu verbessern strebte. Ein Rechtsanwalt
eh ihm ein Exemplar von Blackstones Kommentaren,
nd er begann eifrig Gesetzeskunde zu studieren. Die
eute betrachteten voll Erstaunen die wunderliche
estalt, die da im Grase auf dem Rücken lag und die
üße hoch gegen einen Baumstamm gestützt hatte,
der die über ein Buch gebeugt auf einem Zaun saß;
r aber lernte inzwischen eifrig und beharrlich, richtige
ätze bilden und Gesetz und Recht verstehen. Er

erhielt auch sofort etwas Praxis, indem er vor der Friedensrichter für Freunde den Advokaten spielte allerdings ohne Honorar zu beziehen. Sogar schieds richterliche Funktionen wurden ihm auferlegt, aber nu bei Pferderennen oder bei Ringkämpfen, wo sein allgemein anerkannte Ehrlichkeit, Gerechtigkeit un Unparteilichkeit seinen Schiedssprüchen unbedingte An erkennung sicherte. In der Volksgunst stieg er imme mehr; bald konnte er sich wieder als Wahlkandida für die Legislatur aufstellen lassen. Trotzdem er sic als Whig bezeichnete und ein glühender Bewundere Henry Clays war, trugen ihm seine witzigen un gehaltvollen Wahlreden den Sieg in einem stark demo kratischen Distrikte ein. Damals schenkte er vielleich zum ersten Male seinem Äußeren ernstlich Beachtung Bis dahin war er stets mit einem Anzuge aus „Ken tucky jeans“, dem im Hause gesponnenen, rauhe Wollstoffe, zufrieden gewesen, der obendrein nich selten zerrissen, gewöhnlich geflickt und stets sehr ab getragen war. Jetzt borgte er sich von einem Freund Geld, um sich einen neuen Anzug — einen fertige Anzug aus dem Laden — zu kaufen, der eines Staats mannes von Sangamon County würdig wäre. In Schmuck dieses neuen Gewandes machte er sich au den Weg nach Vandalia, der Hauptstadt des Staates um seinen Platz unter den Gesetzgebern einzunehmen

Seine gesetzgeberische Laufbahn erstreckte sich über
rei Sitzungsperioden, denn er wurde dreimal wieder-
ewählt, 1836, 1838 und 1840, sie war aber nicht
esonders hervorragend oder gar glänzend. Es fehlte
hm freilich nicht an Ehrgeiz; es war sogar sein Traum,
er „de Witt Clinton von Illinois" zu werden, und
r zeichnete sich durch energische und wirksame Arbeit
uf dem Gebiete des als „log-rolling" bekannten und
uf Gegenleistung beruhenden Verfahrens beim ge-
neinsamen Handeln aus. Jenes Verfahren trug
em jungen Staate ein „allgemeines System innerer
Verbesserungen" ein, welche besonders aus Eisen-
ahnen, Kanälen und Banken bestanden. Dieser
cheinbare Fortschritt erwies sich tatsächlich als eine
ehr unvorsichtige und sorglose Politik, welche dem
Staate eine unverhältnismäßig schwere Steuerlast auf-
ürdete und die übliche Ernte von politischer Demo-
alisation im Gefolge hatte; aber es war eine für
ie damaligen Zeiten und für den ungeduldigen,
nternehmungslustigen Geist der Bewohner des
Vestens höchst charakteristische Politik. Lincoln war
weifellos von den besten Absichten beseelt, aber er
erstand von all den Dingen gar nichts und folgte daher
loß der Strömung im Volke. Die Tat, auf deren
glückliches Vollbringen er am meisten stolz war, war
die Verlegung des Sitzes der Staatsregierung von

Vandalia nach Springfield. Dies war ein Erfolg seiner Geschicklichkeit, wie er leicht den Stolz der Staatsklugheit des Politikers im kleinen bildet. Eins tat jedoch Lincoln, worin seine wahre Natur sich offenbarte, und was auch für die Zukunft bei ihm das Erstreben der höchsten Ziele deutlich voraussehen ließ. Gegen die fast übermächtig in der Legislatur hervortretende Ansicht und nur von einem einzigen Mitgliede unterstützt, protestierte er in kräftigen Worten gegen eine Resolution zugunsten der Sklaverei. In jenem Protest erklärte er unter anderem, daß „die Institution der Sklaverei sowohl auf Ungerechtigkeit als auch auf falscher Politik beruhe". Hieraus sprach nicht nur die nicht zu unterdrückende Stimme seines Gewissens, sondern auch wahrer sittlicher Mut, denn zu jener Zeit wurde in vielen Teilen des Westens der Abolitionist dem Pferdedieb gleichgeachtet. Selbst „Abe Lincoln" wären seine Antisklavereigrundsätze kaum verziehen worden, wenn er nicht allgemein als ein „besonders guter, tüchtiger Kerl" bekannt gewesen wäre. Hier aber wagte er es, getreu der großen Überzeugung seines Lebens, allein zu stehen, und zeigte jenen Mut, welcher für den Führer einer großen Sache unbedingt erforderlich ist.

Zugleich mit seinem Ruf und seinem Einfluß als Politiker wuchs seine Praxis als Rechtsanwalt, benders nachdem er von New Salem nach Springfield ezogen war und sich dort mit einem erfahrenen und ngesehenen Berufsgenossen geschäftlich vereinigt hatte. :un hatte er endlich eine feste Stellung in der Gesellhaft erworben. Er hatte als Rechtsanwalt großen rfolg, weniger durch seine juristischen Kenntnisse als urch die Wirksamkeit seiner Advokatur und durch die ervorragende Rechtschaffenheit seines Charakters. Mit Recht kann gesagt werden, daß sein lebhaftes Gefühl ir Wahrheit und Gerechtigkeit sehr viel zu seinen rfolgen als Advokat beitrug. Er weigerte sich sogar, die ache seiner persönlichen Freunde zu führen, wenn er rkannte, daß das Recht auf der anderen Seite sei. Noch während des Prozesses gab er die Führung iner Sache auf, wenn er aus dem Beweismaterial rsah, daß sein Klient Unrecht hatte. Er riet solchen, ie seine Dienste in Anspruch nahmen, sogar davon b, erreichbare Vorteile zu verfolgen, wenn ihm ihre Ansprüche nur im geringsten unbillig oder ungerecht rschienen. Bei seiner allerersten Sache vor dem Jnited States Circuit Court, wo es sich einzig und llein um gewisse Gerechtsame handelte, erklärte er, aß er nach eingehender und sorgfältiger Prüfung lle Rechte auf seiten der Gegenpartei und kein einiges auf der seinigen finde. Verbrecher, die er für chuldig hielt, verteidigte er überhaupt nicht, oder, wenn er es wirklich versuchte, vermochte er nicht sein ganzes Können zu entfalten und zur Geltung zu bringen. Eines einzigen Ausnahmefalles erinnert man sich, als seine persönlichen Sympathien ungewöhnlich erregt worden waren. Wenn er sich hingegen als Beschützer der Unschuld fühlte, als Verteidiger des Rechts oder als Verfolger des Unrechts, dann erschloß er oft so unerwartete Quellen der Beweisführung und solche Tiefen des Gefühls, und seine Rede schwang sich zu solcher Glut und solcher zwingenden Macht auf, daß er seine Zuhörer in Verwunderung setzte, sie überwältigte und fast unwiderstehlich mit fortriß. Gebrauchte er auch nur ein alltägliches juristisches Argument, so machte das bei ihm stets den Eindruck, als sei er innerlich von der Rechtmäßigkeit der von ihm vertretenen Sache vollkommen überzeugt. Es kann deshalb nicht wundernehmen, daß das bloße Auftreten eines so gewissenhaften Anwalts nicht nur bei den Geschworenen sondern auch bei den Richtern die Annahme entstehen ließ, das Recht müsse auf seiner Seite sein, und daß alle Leute aus aufrichtiger Überzeugung begannen, ihn den „ehrlichen Abe Lincoln" zu nennen.

Inzwischen hatte er in seinem Privatleben das schmerzlichste Leid erfahren. Er hatte ein sehr schönes und achtbares Mädchen, Ann Rutledge, geliebt, und

ine Gefühle waren von ihr erwidert worden. Sie
arb in der Blüte der Jahre, und Lincoln betrauerte
ren Verlust mit solcher Heftigkeit und Verzweiflung,
ß seine Freunde für seinen Verstand fürchteten. Als
sich endlich aus seiner fast krankhaften Nieder-
schlagenheit aufgerafft hatte, glaubte er eine neue
eigung für eine andere junge Dame zu empfinden,
e ihn jedoch abwies. Endlich, da er einigermaßen
Wohlstand gelangt war und Aussichten auf Erfolg
der Politik hatte, warb er um Mary Todd von
entucky und wurde erhört. Dann erfaßten ihn aber
iälende Zweifel über die Echtheit seiner Gefühle
ir sie, über das Zusammenpassen ihrer beiden
haraktere und über ihr künftiges Glück. Die Qual
ar so unerträglich, daß er oft dem Selbstmorde nahe
ar, sogar fürchtete, ein Taschenmesser bei sich zu
agen, und seine Braut dadurch tödlich beleidigte, daß
am festgesetzten Hochzeitstage nicht erschien. Nun
urde aber das peinliche Bewußtsein des ihr zuge-
igten Unrechts zu neuer, noch unerträglicherer Qual.
r gewann ihre Liebe zurück und endete das Marty-
um dadurch, daß er sie heiratete. Er wurde ein
euer und geduldiger Gatte und ein guter Vater,
er denen, welche der Familie nahestanden, blieb es
in Geheimnis, daß Lincolns häusliches Leben voll
hwerer Prüfungen war. Die Launenhaftigkeit seiner

Gattin stellte Lincolns Sanftmut oftmals schwer a die Probe, und diese Sorgen, Differenzen und Kümme nisse, welche ihn durch alle Wechselfälle seines Leben von seinem bescheidenen Heim in Springfield bis zu Weißen Hause begleiteten, fügten zu den Sorgen de öffentlichen Lebens ungeahnten stillen Kummer hinz und bereiteten ihm bei der Ausübung seiner Staats pflichten manchmal unglaubliche Verlegenheiter Sie bilden eins der rührendsten Kapitel seine Lebens.

Er fuhr fort, die Wandergerichte zu besuchen, la fortwährend auf der Fahrt in seinem leichten zwei räderigen Wagen, dem buggy, erzählte seinen Berufs genossen im Wirtshause Witze und plauderte ir „store", dem einzigen Laden des Orts, oder im Post gebäude, an den Ofen gelehnt mit den Ansiedlern Und oftmals versank er wieder wie ehedem in tiefsin niges Brüten. Er wurde in immer weiterem Umkreis bekannt, und die Einwohner seines Staates schätzte ihn mehr und mehr wegen seines aufrichtigen, recht schaffenen Charakters und des stets quellenden Born von teilnehmender Freundlichkeit in seinem Herzen Sein Hauptehrgeiz war eingestandenermaßen, au politischem Gebiete Auszeichnungen zu erlangen; den noch hätte damals wohl niemand in ihm den Man vermutet, dessen Bestimmung es sein sollte, da

merikanische Volk durch die größte Krisis dieses Jahr-
underts hindurchzuführen.

Seine Zeit war noch nicht gekommen, als er im
ahre 1846 in den Kongreß gewählt wurde. Im
Repräsentantenhause erhob er in einer geistvollen und
:effenden Rede gegen Präsident Polk die Anklage,
r habe Mexiko ungerecht den Krieg aufgezwungen;
ie Kommission des ganzen Hauses amüsierte er mit
inem witzigen Angriff auf General Cass. Noch
vichtiger war es, daß er seiner Neigung zur Antisklaverei
adurch Ausdruck verlieh, daß er einen Gesetzentwurf
ur Emanzipation der Sklaven im Distrikt von Colum-
ia vorlegte, und daß er wiederholt für das berühmte
ogenannte Wilmot Proviso stimmte, eine Klausel, nach
velcher die Sklaverei in den von Mexiko erworbenen
Territorien ausgeschlossen sein sollte. Aber als er nach
Ablauf seiner Abgeordnetenperiode im März 1849
einen Sitz im Kongreß wieder verließ, war er in
rübster Stimmung und verzweifelte daran, daß er je
en Tag erleben würde, an dem diese seinem Herzen
o naheliegende Sache vom Volke richtig gewürdigt
verden würde, und er Gelegenheit fände, seinem
Vaterlande bei der Lösung dieser wichtigen Frage
rgendwelche Dienste zu leisten. Überhaupt konnte
eine Wirksamkeit als Kongreßmitglied in keiner Hinsicht
einen Ehrgeiz befriedigen. Im Gegenteil, wenn er

je an eine große Bestimmung für sich geglaubt hat so muß zu jener Zeit sein Glaube besonders schwach gewesen sein, denn er suchte sogar bei dem neuen Präsidenten aus der Whigpartei, General Taylor um die Stelle eines Commissioner of the General Land Office nach und war also willens, sich in dem Verwaltungsbureau der Staatsländereien zu vergraben. Glücklicherweise für Amerika blieb sein Gesuch erfolglos. Und ein eben solches Glück war es, daß, als ihm später das Amt des Territorialgouverneurs von Oregon angeboten wurde, er sich durch den lebhaften Protest seiner Gattin bestimmen ließ, dieses Amt auszuschlagen. Er kehrte nun nach Springfield zurück und gab sich wieder mit Eifer den Geschäften seines Anwaltsberufes hin. Dem Kompromiß von 1850 stimmte er widerwillig und mit geheimem Vorbehalte zu. In der Präsidentschaftswahlkampagne von 1852 unterstützte er den Kandidaten der Whigpartei mit einigen flauen Wahlreden und hatte überhaupt für die Tagespolitik nur geringes Interesse. Und doch kam jetzt seine Zeit heran.

Der vom Kompromiß von 1850 versprochene und anscheinend auch geschlossene Friede wurde im Jahre 1854 durch die Einführung der Kansas-Nebraska-Bill rauh gestört. Die Aufhebung des Kompromisses von Missouri öffnete in den Territorien der Vereinigten

taaten, die doch das Erbe künftiger Generationen
in sollten, der Sklaverei Tür und Tor. Nun war
en Bürgern der freien Staaten mit einem Schlage
ie ganze Tragweite der Sklavereifrage enthüllt; sie
rängte sich als die erste und wichtigste Frage in die
olitik des Landes. Die Nordstaaten durchzuckte es
ie ein elektrischer Schlag. Männer, die vor kurzem
och ganz von ihren Geschäftsinteressen in Anspruch
enommen waren und von Politik nichts wissen wollten,
urden plötzlich aus ihrer Ruhe und Sicherheit auf-
eschreckt und nahmen in höchster Erregung Partei
ür oder wider. Die Gewissensbeunruhigung in betreff
er Sklaverei, welche selbst in Zeiten scheinbarer Ruhe
ie Seelen der Nordstaatler bewegt hatte, brach ge-
altiger und lauter denn je hervor. Alle Bande der
blichen Parteianhängerschaft wurden gesprengt. Ver-
reter der Antisklavereibewegung fanden sich unter den
emokraten wie unter den Whigs: sie fühlten sich durch
ies alles andere überwältigende Gefühl verbunden
nd scharten sich bald zu einer neuen Organisation
usammen. Die republikanische Partei trat plötzlich
ns Leben, sie entsprach einer dringenden Anforderung
es Augenblicks. Nun war auch die Zeit für Abraham
incoln gekommen. Er rückte bald zu einer hervor-
agenden Stellung als Streiter in diesem Kampfe auf.
nd er verdankte dies Aufrücken nicht nur seinen

Tugenden und seinen Fähigkeiten. Die Frage de Sklaverei hatte die tiefsten Tiefen seiner Seele erreg es war „die einzige Frage, über die“, wie einer seine Freunde sagt, „er sich aufregen konnte; sie weckte a seine Kräfte, seine ganze Energie. Doch gab es viele die den Kampf gegen die Sklaverei in öffentliche Versammlungen, in der Presse oder im Sitzungssaa des Kongresses lange und angestrengt gekämpft hatten die weit höheres Ansehen genossen als Lincoln, un im Vergleich mit denen er noch immer eine unbekannt und unerprobte Kraft war. Sein höchst ehrenvolle und wohlverdienter Ruf war bis so weit zum größten Teil nur von lokaler Bedeutung gewesen. Als Wahl redner in den Wahlversammlungen der Whigs hatt er außerhalb seines eigenen Staates nur wenig Auf sehen erregt, aber in Illinois war er anerkanntermaßen einer der Führer der Whigpartei. Unter den Gegnern der Nebraska-Bill nahm er eine so hervorragende Stellung ein, daß, als im Jahre 1854 im Senate der Vereinigten Staaten ein Platz frei wurde, die Stimmen einer großen Majorität der „Anti-Nebraska-Männer“ in der Legislatur sich auf ihn vereinigten Da er dann aber als ehemaliger Whig die Stimmen der Demokraten von Nebraska, die ihm zur Majorität noch nötig waren, nicht erlangen konnte, forderte er seine Freunde und Anhänger großmütig auf, ihre

timmen auf Lyman Trumbull zu übertragen, der
ann auch gewählt wurde. Zwei Jahre später, im
:sten Nationalkonvent der republikanischen Partei,
hlug eine Delegation von Illinois Lincoln als Kan-
idaten für die Vizepräsidentschaft vor und erhielt
amhafte Unterstützung. Immerhin war der Name
braham Lincolns außerhalb der Grenzen seines
taates nicht weit bekannt. Es sollte aber gerade
ese gleichsam lokale Bedeutung in Illinois für Lincoln
einem besonderen Vorteil auf dem Felde der
ationalen Politik werden. In dem vorerwähnten
ngriff auf das Missouri-Kompromiß, welcher alle
esetzlichen Schranken vor der Ausbreitung der Sklaverei
iederriß, war Stephen Arnold Douglas offenkundig
ührer und Hauptperson, und Douglas war Senator
on Illinois, dem Heimatstaate Lincolns. Der
ationale Schauplatz für Douglas' Taten war der
enat, aber die Wurzeln seiner offiziellen Stellung
nd Macht waren in seinem Wahlkreise in Illinois.
Vas er im Senate tat, mußte er in Illinois vor dem
olke vertreten, wenn er sich seine Stellung erhalten
ollte, und in Illinois richteten sich aller Augen auf
incoln als den natürlichen Gegner Douglas'.

Beide waren als ganz junge Leute nach Illinois
ekommen, Lincoln von Indiana, Douglas von
ermont; sie waren nebeneinander im öffentlichen

Leben aufgewachsen, Douglas als Demokrat, Linco als Whig. Sie waren sich zuerst im Jahre 18: begegnet, als Lincoln in der Legislatur saß u Douglas als lobby member draußen in den Wand gängen politischen Einfluß zu gewinnen suchte. Wied trafen sie sich im Jahre 1836, diesmal beide als Mi glieder der Legislatur. Douglas war ein sehr g schickter und fähiger Politiker, er gehörte zu den g wandten, kampflustigen, kühnen „Strebern" und g langte in auffallend kurzer Zeit zu hohem politische Ansehen. In rascher Folge wurde er Mitglied d Legislatur, State's attorney, Staatssekretär von Illino und Richter am höchsten Gerichtshof von Illinois; wurde dreimal zum Repräsentanten in den Kongre gewählt und war mit neununddreißig Jahren berei Senator der Vereinigten Staaten. Im demokratische Wahlkonvent von 1852 trat er sogar als Aspirant fi die Nominierung zur Präsidentschaftswahl auf un erhielt als Vertrauensmann des „jungen Amerika eine ganz stattliche Anzahl von Stimmen. Er hat in allem, was gemeinhin Ruf und Erfolg in der Polit genannt wird, Lincoln weit hinter sich gelassen. In de politischen Fehden war es nun öfter vorgekomme daß Lincoln sich gedrungen fühlte, oder von seine Parteigängern dazu auserwählt wurde, auf Douglas Reden zu antworten. In einem großen Te es Staates wurden deshalb diese beiden Männer ür die natürlichen Partei-Vorkämpfer in den)iskussionen, welche den Volksversammlungen orangingen, gehalten. Als nun Douglas nach der Innahme seiner Kansas-Nebraska-Bill nach Illinois urückkehrte, um seine Sache vor seinen Wählern zu erteidigen, stellte sich Lincoln, teils aus eigenem Anriebe und teils um der allgemeinen Erwartung zu ntsprechen, als sein Hauptgegner auf. Der Kampf ım die in der Kansas-Nebraska-Bill vertretenen)rinzipien, oder in weiterem Sinne der Kampf wischen Freiheit und Sklaverei, nahm infolgedessen n Illinois die Gestalt einer persönlichen Fehde wischen Lincoln und Douglas an. In seinem immer ebhafter werdenden Verlauf wurde diese persönliche Fehde mit wachsendem Interesse vom ganzen Lande erfolgt. Im Jahre 1858 neigte sich Douglas' Amtseriode im Senat ihrem Ende zu, und Lincoln wurde on dem republikanischen Konvent von Illinois in ller Form an Douglas' Stelle als der Senatskandidat er Partei vorgeschlagen. Die beiden Gegenkandidaten amen dahin überein, daß sie über die Streitfragen on Angesicht zu Angesicht in einer Reihe öffentlicher Versammlungen debattieren wollten, und auf diese Versammlungen waren die Blicke ganz Amerikas in äußerster Spannung gerichtet. Das Schauspiel er=

innerte an Schilderungen aus alten Sagen und Rittergedichten, in denen von zwei feindlichen Heeren erzähl wird, die sich in Schlachtordnung gegenüberstehen un zuschauen, wie ihre beiden streitbarsten Kämpe angesichts der feindlichen Reihen die Sache im Zwei kampf austragen.

Lincoln war damals auf der Höhe seiner Kraft Freilich war seine Ausrüstung in bezug auf die Kenntni von Staatsgeschäften nur sehr mangelhaft. Was e gelernt hatte, hatte er sich allerdings gründlich zu eigen gemacht mit jenem leidenschaftlichen Verlangen und jener hartnäckigen Zähigkeit, die für bedeutende Geister welche unter großen Schwierigkeiten Wissen erwerben charakteristisch sind. Aber die seltenen und kümmerlichen Gelegenheiten zum Lernen, das unstete Leben, welche er in seinen jungen Jahren geführt hatte, waren fü die Ansammlung und Aufspeicherung von Kenntnisse sehr ungünstig gewesen. Freilich hatte er in Wahl kampagnen verschiedentlich über die zwischen Whigs und Demokraten verhandelten Fragen geredet, so übe den Tarif, über innere Reformen, über Banken usw., aber doch nur oberflächlich. Wenn er diesen Gegenständen jemals ernste Betrachtung oder gar eingehendes Studium gewidmet hätte, kann man sicher annehmen, daß sein an eigenen Gedanken so reicher Geist auch darüber Äußerungen getan haben würde, welche es ert wären, der Vergessenheit entrissen zu werden. Diese Dinge hatten augenscheinlich seine Seele nie tief erührt. Aber wenn sein innerstes Wesen ergriffen)ar, dann entwickelte auch sein Gehirn eine unerüdliche Tätigkeit zur Erlangung aller nur irgend rreichbaren Kenntnisse auf dem betreffenden Gebiete. obald die Aufhebung des Missouri-Kompromisses die klavereifrage als brennende Frage in die gesamte Dolitik getragen hatte, stürzte sich Lincoln in ein eifriges studium der ganzen Sache, um sie vom juristischen, eschichtlichen und moralischen Standpunkte aus ganz u beherrschen, und sein Geist wurde eine wahre Rüstammer von Beweisgründen. Seine reichen, natürchen, durch so lange und vielseitige Übung vervollommneten Geistesgaben machten ihn zu einem Redner on seltener Überzeugungskraft. Als unreifer junger Mann hatte er sich eine Zeitlang in jenem schwülstigen stil gefallen, der bei Ungebildeten für „schönes Reden" ilt. Aber seine innere Wahrhaftigkeit und sein künsterisches Empfinden überwanden bald diese Verirrung nd ließen ihn die edle Schönheit und Kraft der Einachheit erkennen. Er besaß eine ungewöhnliche Fähigkeit, sich knapp und klar auszudrücken, welche aran erinnerte, wie er als armer Knabe sich bemühte, eim Abschreiben von seiner Kladde, der hölzernen Schaufel, seine Ausdrucksweise sorgfältig zu kürzen, um ja kein Papier zu vergeuden. Seine Sprach[e] hatte den energischen Klang ehrlicher Geradheit, un[d] er war ein Meister der logischen Klarheit. Er liebte es, seine Beweisführung durch humoristische Züge z[u] beleben, meistens Anekdoten aus dem Westen, dere[n] er eine schier unerschöpfliche Menge im Gedächtni[s] bewahrte. Diese Anekdoten waren nicht selten vo[n] bäuerischer Derbheit; sie hatten etwas vom Erd[-] geruch an sich, aber sie verfehlten nie ihre Wirkun[g] und nie den Zweck, die Zuhörer zu amüsieren un[d] zugleich einen abstrakten Gedanken zu beleben, ein[e] Torheit zu bekämpfen, eine Schlußfolgerung festzu[-] legen oder eine Warnung eindringlich zu bekräftigen[.] Das natürliche Wohlwollen seines Tones besänftigt[e] alles Vorurteil, entwaffnete alle Parteifeindschaft und verschaffte seiner Beweisführung manchmal bei de[n] widerstrebendsten Geistern Gehör.

Seine größte Macht lag jedoch in dem Zaube[r] seiner Persönlichkeit. Dieser Zauber machte sich nich[t] in der üblichen Weise dem Ohr oder dem Auge geltend. Seine Stimme war nicht wohlklingend, eher scharf und durchdringend, besonders wenn sie in Augenblicke[n] höchster Erregung sich überschlug. Seine Gestalt wa[r] unschön, seine Bewegungen eckig und ungewandt. Alles, was gemeinhin beim Redner für äußere Anmut gilt, fehlte ihm. Sein Zauber war ganz anderer Art. E[r]

ntsprang der seltenen Tiefe und Echtheit seiner Über-
ugungen und seiner teilnehmenden Gefühle. Mit-
efühl war das stärkste Element seines Wesens. Einer
iner Biographen, der ihn kannte, ehe er Präsident
eworden war, schreibt: „Lincoln konnte durch etwas
egenwärtiges zu tiefstem Mitleid gerührt werden,
er niemals durch etwas, das er nicht sah. Im ersten
alle gab er meistens gleich eine Unterstützung, ohne die
ache lange zu prüfen, um, wie er sich ausdrückte, „den
chmerz aus seinem eigenen Herzen zu entfernen“. —
aum die Hälfte von diesem trifft zu. Es ist sicher
ahr, daß er bei keinem Menschen Schmerz oder
nterdrückung und sonstiges Leid wahrnehmen konnte,
ne selbst aufs schmerzlichste davon berührt zu werden.
adurch, daß er so viel wie möglich dem Leid des
deren abhalf, verringerte er den eigenen Schmerz.
iesen Impuls des Mitleids fühlte er nicht nur für
lenschen, sondern überhaupt für alle lebenden Wesen.
ls Knabe schon hatte er andere Jungen zornig zur
ede gestellt, die einer Schildkröte eine glühende
ohle auf die Schale gelegt hatten, und als heran-
ereifter Mann heißt es, daß er auf Reisen öfter vom
Vagen gestiegen und bis an den Gürtel im Schlamm
ewatet sei, wenn er damit einem im Moor halb ver-
nkenen Schwein in seinen verzweifelten Anstren-
ungen sich wieder herauszuarbeiten behilflich sein

konnte. Einem Appell an sein Mitleid konnte er kau
widerstehen, und es wurde ihm so schwer etwas abz
schlagen, wenn sein abschlägiger Bescheid Kumm
machen konnte, daß er selbst oft sagte, es sei ih
unmöglich „nein" zu sagen, was er als Schwäche b
klagte. Dies alles beweist aber gewiß nicht, daß se
Mitleid nur solchen Fällen galt, wo er das Leide
handgreiflich vor Augen hatte. So wie den Knabe
der Anblick der gequälten Schildkröte dazu veranlaßt
einen Aufsatz über Tierquälerei zu schreiben, so b
wegte der Anblick anderer Fälle von Leiden und U
recht seine Seele und feuerte ihn dazu an, geg
Grausamkeit, Ungerechtigkeit und Unterdrückung i
allgemeinen zu streben.

Seine warme Teilnahme rief bei anderen freun
liche Gefühle für ihn hervor. Besonders die b
scheidenen Leute aus dem Volk, welche er „die schlichte
Leute" zu nennen pflegte, fühlten sich zu ihm hi
gezogen; sie hatten die instinktive Empfindung, da
er sie verstand, achtete und schätzte. Er war unter de
Armen, den Niedrigen und den Ungebildeten au
gewachsen. Er vergaß nie, wie viel Gutherzige er unte
ihnen angetroffen, und wie viel Freundlichkeiten un
Guttaten sie ihm erwiesen hatten. Trotzdem er si
an geistiger Entwicklung weit überflügelt hatte, sah e
nie auf sie herab. Ihre Gefühle und ihre Gedanke

annte er gut, denn so hatte ja auch er einst gefühlt ind gedacht. Wie sie zu bewegen waren, wußte er, enn so war auch er früher bewegt worden und hatte ich darin geübt, andere so zu bewegen. Sein Geist var viel umfassender als der ihre, aber war doch oll Verständnis für sie; und während er viel weiter oraus dachte als sie, waren ihre Gedanken ihm stets egenwärtig. Auch war die sichtbare Kluft zwischen hnen und ihm nicht so breit und trennend geworden, vie sein außerordentliches Emporkommen in der Welt s wohl gerechtfertigt hätte. Hinterwäldlersprache und Hinterwäldlermanieren hafteten ihm an, und obgleich r für seine neuen Bekannten natürlich „Mr. Lincoln“ ieß, so war er für die Dutzfreunde seiner Jugend mmer noch „Abe“. Und den „Nats“, Billys“ und „Daves“ erschien ihre Vertraulichkeit ebensowenig unatürlich, wie sie ihm peinlich war. Er erzählte mit erselben Freude ähnliche Anekdoten und Geschichten, vie er sie auf der Ansiedlung in Indiana und im Städtchen New Salem erzählt hatte. Er blieb so einfach ind anspruchslos, wie er es von jeher gewesen war; n seinen häuslichen Gewohnheiten hatte er sich urchaus nicht ganz seiner aus besserer Familie tammenden Gattin angepaßt, und obgleich die Anüge aus Kentucky-Hausmachertuch längst ein übervundener Standpunkt waren, saßen auch die aus besserem Stoff verfertigten Kleider von gutem Schnit doch schlecht auf seinen riesigen Gliedern. Seines baumwollenen, mit Bindfaden zusammengebundenen Schirmes ohne Griff, welchen er auf seinen Ritten zu Gerichtssitzungen mitführte, sollen sich noch einige hochbetagte Anwohner aus jener Gegend erinnern. Dieses Ungehobelte in den Gewohnheiten und im Äußern war weit entfernt von jener zur Schau getragenen Verachtung von Bildung, feiner Sitte und äußerer Behaglichkeit, welche gewisse self-made men zuweilen in ihre wohlhabenderen Verhältnisse hinübertragen. Abraham Lincoln war diese Verachtung des Äußerlichen ganz natürlich, und alle, die mit ihm in Berührung kamen, fühlten dies heraus. An Gedanken und Empfindungen war er ein Gentleman in des Wortes schönster Bedeutung geworden, aber der verfeinernde Prozeß hatte die äußere Form fast unberührt gelassen. Die „schlichten Leute" sahen daher „Abe Lincoln" noch immer als ihresgleichen an, und wenn sie, was nicht ausbleiben konnte, fühlten, daß seine Gedanken und sein Streben sich in einer höheren Sphäre bewegten als ihre eigenen, waren sie um so mehr stolz auf ihn, ohne daß ihr Gefühl der Zusammengehörigkeit darum geringer geworden wäre. Dieses Verhältnis der gegenseitigen Teilnahme und des gegenseitigen Verstehens zwischen Lincoln und den

nfachen Leuten aus dem Volk verlieh ihm jene hervor-
agende Macht im öffentlichen Leben und befähigte
hn ganz besonders, wie wir noch sehen werden, die
ührerschaft in der herannahenden gewaltigen Krisis
u übernehmen, eine Führerschaft, die für die großen
Massen des Volkes immer vorausdenkt und ihnen
vorangeht, jedoch stets in ihrem Gesichtskreis bleibt
nd sich die teilnehmende Fühlung mit ihnen erhält.

Besser gerüstet als je vorher trat Lincoln in die
Wahlkampagne von 1858 ein. Er fühlte nicht nur in-
inktiv, sondern er überzeugte sich auch durch eifriges
Studium, daß in diesem Kampf gegen die Ausbreitung
er Sklaverei Recht und Gerechtigkeit, Philosophie,
Aufklärung, Geschichte, Staatsverfassung und gesunde
Politik auf seiner Seite waren. Es fiel auf, daß,
eitdem er die Sklavereifrage in seinen Reden erörterte,
r einen viel erhabeneren Ton anstimmte, als in seinen
isherigen rednerischen Leistungen. Während er in
Privatgesprächen noch immer gern drollige Anekdoten
rzählte, verschwanden sie mehr und mehr aus seinen
ffentlichen Reden. Wohl spitzte er seine Argumente
och mit Ausdrücken unnachahmlicher Feinheit zu und
ieß Geistesblitze freundlichen Humors und witziger
Ironie durch seine Reden leuchten, im Grunde war
ber der Ton seiner Reden ernst und schwang sich
manchmal zu feierlichem Pathos auf. Seine Meister-

schaft in der dialektischen Fechtkunst, sein reiches Wissen seine scharfsinnigen Folgerungen und seine Gefühls tiefe wurden in einer selten knappen, kernigen Sprach offenbart und setzten seine alten Freunde oft in helle Erstaunen.

Keiner der beiden politischen Führer hätte eine gefährlicheren Gegner finden können, als jeder in der anderen vor sich hatte. Douglas war bei weitem da hervorragendste Mitglied seiner Partei. Seine Be wunderer hatten ihm den Beinamen „der kleine Riese gegeben und wollten in diesem Gegensatze die Größ seines Geistes und die Kleinheit seines Körpers hervor heben. Aber obgleich er klein war, erschien seine unter setzte Gestalt ungewöhnlich kräftig, und seine massig Stirn, sein festes Kinn und die Art, wie er trotzig sei langes Haar schüttelte, gaben seinem Haupte etwa Löwenartiges. Seine laute und nachdrückliche For derung der territorialen Erweiterung im Name der Vaterlandsliebe und der „augenscheinlichen Be stimmung" (manifest destiny) hatte ihm besonder bei der Jugend und den feurigen Enthusiasten viel Anhänger gewonnen. Große Geistesgaben, ein seh kampfbereites Temperament und lange Übung hatten ihn zu einem unübertroffenen Debattierer in einem aus höchst fähigen Männern bestehenden Senate ge macht. Er konnte in einem Appell an den Patriotismus

ben so kraftvoll sein, wie er in der Anklage wild und
a allen Künsten und Kniffen des parlamentarischen
'ampfes bewandert war. Im geselligen Verkehr war
r lustig, ja ausgelassen, — das geliebte Ideal der
Jungen", — dabei fühlte er sich aber als einer der
erühmtesten Staatsmänner seiner Zeit und trat
inen Gegnern oft hochfahrend und anmaßend ent-
egen, als seien sie Leute, die eher Mitleid als Furcht
rregen könnten. In seiner Eröffnungsrede der Wahl-
ampagne von 1858 sprach er von Lincoln, den die
Republikaner wagten als ihren Kandidaten für „seinen"
'latz im Senate aufzustellen, im Tone gönnerhafter,
m nicht zu sagen verachtender Herablassung und
annte ihn „einen freundlichen, liebenswürdigen und
telligenten Mann und einen guten Staatsbürger".
er kleine Riese hätte seinen Gegner gern für einen
roßen Zwerg ausgegeben. Er kannte Lincoln indes
a gut, um sich ernstlich einer solchen Illusion hin-
ugeben. Die politische Lage war damals eigentümlich
erworren, und Douglas konnte bei dieser Verwirrung
offen, einen erheblichen Vorteil über seinen Gegner
avonzutragen.

Durch die Aufhebung des Missouri-Kompromisses,
welche die Territorien dem Eindringen der Sklaverei
ffnete, hatte Douglas im Süden sehr gefallen, im
Norden aber Schrecken erregt. Das feindselige Gefühl

in den Nordstaaten hatte er dadurch zu versöhnen gesucht, daß er seiner Kansas-Nebraska-Bill die Erklärung hinzufügte, sie beabsichtige nicht „die Sklaverei in irgendeinem Staate oder Territorium zu verfügen oder sie daraus auszuschließen, sondern nur den Bürgern der betreffenden Staaten und Territorien volle Freiheit zu lassen, ihre Institutionen nach eigenem Ermessen, jedoch der Verfassung der Vereinigten Staaten gemäß, zu regeln". Dies nannte er „das große Prinzip der Volksherrschaft". Als man ihn fragte, ob nach diesem Gesetz die Bürger eines Territoriums, ehe es als Staat zugelassen sei, das Recht haben würden, die Sklaverei auszuschließen, antwortete er, das sei eine Frage, welche die Gerichte entscheiden müßten. Dann erfolgte das berühmte „Dred Scott-Urteil", nach welchem der oberste Gerichtshof (Supreme Court) im wesentlichen erkannte, daß das Recht, Sklaven als Eigentum zu halten, in den Territorien kraft der Bundesverfassung bestehe und daß dieses Recht durch keine Verfügung der territorialen Regierung aufgehoben werden könnte. Natürlich wurde dadurch den Bürgern irgendwelcher Territorien das Recht abgesprochen, während sie noch Territorium waren, die Sklaverei aufzuheben, und dieses steigerte in den Nordstaaten in noch größerem Maße die Beunruhigung. Douglas erkannte an, daß das rteil des obersten Gerichtshofes bindend sei, und ehauptete zugleich, sehr wenig logisch, daß sein großes Prinzip der Volksherrschaft dennoch in Kraft bleibe. nzwischen waren die sklavereifreundlich gesinnten Bewohner von West-Missouri, die sogenannten „Grenzaufbolde“ (border ruffians) in Kansas eingefallen, atten einen konstitutionellen Konvent eingesetzt und ine ganz extrem sklavereifreundliche Verfassung, die Lecompton Constitution“ avsgearbeitet; sie hatten ann verweigert, diese Verfassung, wie es sich gehörte, er Abstimmung der Bevölkerung von Kansas zu nterwerfen, sie überwiesen sie vielmehr gleich zur Benehmigung an den Kongreß und suchten auf diese Veise die Zulassung von Kansas als Sklavenstaat zu ewirken. Wenn Douglas einen solchen Plan unterützt hätte, wäre seine Stellung im Norden vollständig ntergraben gewesen. Im Namen der Volksherrschaft rklärte er laut, daß er Einspruch erhebe gegen die Annahme irgendeiner nicht durch Volksabstimmung enehmigten Verfassung. Es sei ihm gleichgültig, agte er, ob für oder wider die Sklaverei gestimmt vürde, aber ehrlich abgestimmt müsse werden im Volk. Hierdurch zog er sich die Feindschaft der Regierung Buchanans zu, welche von den Interessen er sklavereifreundlichen Partei beherrscht wurde, aber r rettete sich seine Anhängerschaft in den Nordstaaten.

Mehr noch, nicht allein priesen ihn seine demokratischen Anhänger als den „wahren Vorkämpfer der Freiheit“ sondern auch einige einflußreiche Republikaner, unter denen Horace Greeley besonders hervorragte, waren auf Douglas' Seite in seinem Kampf gegen die Lecompton Constitution. Sie hofften ihn endgültig von der sklavereifreundlichen Partei loszulösen und eine dauernde Bresche in die demokratische Partei zu schlagen und rieten daher den Republikanern von Illinois ernstlich, den Widerstand gegen Douglas aufzugeben und seine Wiederwahl in den Senat möglichst zu unterstützen. Lincoln teilte diese Ansicht nicht. Nach seiner Meinung konnten große soziale Bewegungen nur Erfolg haben, wenn überzeugungstreue Männer an ihrer Spitze standen, und die Sache der Antisklaverei konnte nicht wohl einem Manne anvertraut werden, dem es „gleichgültig war, ob für oder wider die Sklaverei gestimmt würde“. Diese Ansicht herrschte in Illinois vor, aber die einflußreichen Männer in der republikanischen Partei, über welche sie schließlich obsiegte, gaben, wenn überhaupt, nur mit äußerstem Widerstreben nach, und erst nachdem sie Douglas' Stellung erheblich gestärkt hatten. So lagen die Dinge, als die Wahlkampagne von 1858 zwischen Lincoln und Douglas begann.

Lincoln eröffnete die Kampagne seinerseits in dem Konvent, der ihn zum republikanischen Senatsandidaten nominierte, mit den denkwürdigen Worten, ie wie ein Ruf vom Wachtturm durch die Welt- eschichte hallen: „Es heißt in der heiligen Schrift: Ein Haus, so es mit sich selbst uneins wird, mag nicht estehen“. Ich bin überzeugt, daß diese Regierung icht auf die Dauer halb als Freund, halb als Gegner er Sklaverei bestehen kann. Ich glaube durchaus icht an die Auflösung der Union. Ich glaube nicht aran, daß das Haus aufhören wird zu bestehen, aber h glaube, daß es aufhören wird, uneins zu sein. Es oird entweder nach der einen oder nach der anderen Seite etwas Ganzes werden. Entweder werden die Gegner der Sklaverei ihre weitere Ausbreitung ver- indern und dafür sorgen, daß das Volk die Über- eugung ihrer bevorstehenden vollständigen Ausrottung ewinne. Oder ihre Vertreter werden sie unterstützen nd verbreiten, bis sie in allen Staaten gleich Gesetz oird, in den alten Staaten wie in den neuen, im Norden wie im Süden.“ Dann machte er darauf ufmerksam, daß das Nebraska-Prinzip und die Dred Scott-Entscheidung zusammen dahin wirkten, daß as gesamte Volk „ganz Anhänger der Sklaverei“ all slave) würde. Dies war der „ununterdrückbare Konflikt“, wie Seward ihn kurz darauf in einer gerade urch diese Worte berühmt gewordenen Rede nannte. Venn in den Worten Sewards etwas durchaus Neues

ausgedrückt werden sollte, so konnte Lincoln das Rech
der Priorität beanspruchen. Lincolns Worte aber be
wiesen nicht nur seine staatskluge Auffassung der ganze
Frage, sondern auch in seiner Lage als Kandidat, sein
Festigkeit und seinen moralischen Mut. Freunde
denen er das Konzept seiner Rede mitteilte, ehe e
sie hielt, warnten ihn eindringlich und wiesen darau
hin, daß diese Rede seinen Erfolg bei der Wahl ernstlic
in Frage stellen könnte. Das waren in des Worte
gewöhnlicher Bedeutung sehr kluge Ratschläge
Während die Sklavenhalter unbeschadet mit Los
lösung von der Union drohen konnten, würde di
bloße Andeutung, daß das Bestehen der Sklavere
mit der Freiheit in der Union nicht vereinbar sei
die Aussichten irgendwelchen Politikers im Norde
aufs Spiel stellen. Aber Lincoln war unerschütterlich
„Es ist die Wahrheit", sagte er, „und ich will s
reden, wie ich geschrieben habe ..... Ich möcht
lieber unterliegen, wenn dabei diese Worte meine
Rede hervorgehoben und von allen Leuten besproche
würden, als ohne diese Worte den Sieg davontragen."
Der Staatsmann hatte in seinem weitblickenden Urtei
und seiner gewissenhaften Darlegung der Wahrhei
recht; aber die praktischen Politiker behielten auch rech
in ihrer Vorhersage der unmittelbaren Wirkung seine
Rede. Douglas griff sofort die Behauptung auf, da

n Haus, so es mit sich uneins wird, nicht bestehen
nne, und machte sie zu seinem Hauptangriffspunkt,
dem er sie als eine Anreizung zu einem „partikulari-
schen Krieg bis aufs Messer" auslegte. Es ist auch
in Zweifel, daß die hartnäckige Wiederholung dieser
nklage gegen Lincoln dazu diente, eine nicht geringe
nzahl furchtsamer Seelen abzuschrecken.

Lincoln bemühte sich fortwährend, die sittlichen und
hilosophischen Gesichtspunkte des Gegenstandes in das
chte Licht zu setzen. „Die Sklaverei ist ein Unrecht",
as war der Grundton all seiner Reden. Auf Douglas'
länzenden Sophismus, daß es das gute Recht der
ürger eines Territoriums und mit dem Prinzip der
ahren Volksregierung vollständig vereinbar sei, daß
e nach ihrem Belieben die Sklaverei einführen könnten
der nicht, gab er die feine Antwort: „Dann sei es
lso nach Ansicht des Senator Douglas wahre Volks-
egierung, wenn ein Mensch einen anderen zu seinem
klaven mache, und kein Dritter etwas dagegen ein-
enden dürfe". Eine weitere Folgerung Douglas'
ar, daß das Prinzip, nach welchem die Bewohner
ines Territoriums wählen dürften, ob sie die Sklaverei
estatten wollten oder nicht, „entstanden sei, als Gott
en Menschen erschuf, ihm Gut und Böse vorsetzte und
hm erlaubte, auf eigene Verantwortung zu wählen".
Da antwortete Lincoln feierlich: „Nein, Gott setzte

nicht Gut und Böse zur freien Wahl vor den Mensche
sondern im Gegenteil, Gott zeigte ihm einen Baun
dessen Früchte er bei Todesstrafe nicht essen durfte'
Lincoln stellte sich jedoch nicht auf den äußersten, vo
den radikalen Antisklavereimännern eingenommene
Standpunkt. Er gab zu, daß, der Verfassung gemä
„die Südstaatler ein Recht auf ein Kongreßgesetz übe
die Auslieferung flüchtiger Sklaven hätten", obglei
er die bestehende Fassung dieses Gesetzes nicht billigt
Er erklärte auch, daß, wenn die Sklaverei, wie billi
aus den Territorien ausgeschlossen würde, währen
sie noch Territorien waren, und dann die Bewohne
irgendeines Territoriums, bei günstiger Gelegenhe
und freier Bahn, etwas so Außergewöhnliches täte
wie, unbeeinflußt von der tatsächlich unter ihnen be
stehenden Institution, eine sklavenfreundliche Ver
fassung einzusetzen, es seines Erachtens keine Alter
native gebe, als das betreffende Territorium in den
Bund der Vereinigten Staaten aufzunehmen. E
erklärte ferner, daß, obgleich er sich sehr freuen würde
im Distrikt Columbia die Sklaverei aufgehoben zu
sehen, er doch als Kongreßmitglied mit seinen gegen
wärtigen Ansichten keine Versuche machen würde
diese Aufhebung herbeizuführen, es sei denn unte
der Bedingung, daß die Emanzipation sehr allmählich
vor sich gehe und von einer Majorität der Stimm

erechtigten des Distrikts getragen werde, und daß
en nicht einverstandenen Sklavenhaltern eine Entschädigung geboten werde. Bei jeder nur möglichen
Gelegenheit sprach er sich zugunsten der Gründung von
Negerkolonien und der Transportation der Schwarzen
aus, sofern sie selbst einwilligten. Verschiedentlich stellte
r energisch in Abrede, daß er wünsche, zwischen Weißen
und Schwarzen soziale und politische Gleichheit einzuführen. In dieser Hinsicht faßte er seine Ansichten in
ie folgenden Worte zusammen, welche eine Antwort
auf Douglas' Behauptung waren, daß die Unabhängigkeitserklärung bei den Worten, alle Menschen seien
gleich geschaffen, die Neger ausschließe. „Ich deute die
Unabhängigkeitserklärung nicht dahin," sagte er, „daß
alle Menschen in jeder Hinsicht gleich sind. Sie sind
nicht gleicher Farbe. Aber ich bin überzeugt, sie will
erklären, daß alle Menschen in gewisser Hinsicht gleich
sind. Sie haben alle das gleiche Recht auf Leben und
Freiheit und auf das Streben nach Glück."

In mancher Hinsicht änderte Lincoln später diese
seine Ansichten etwas, und es ist sogar die Vermutung
laut geworden, daß er in der Diskussion mit Douglas
weitergehende Ansichten zutage gefördert haben würde,
wenn er nicht dadurch einen Stimmenverlust befürchtet
hätte. Diese Vermutung kann kaum aufrechterhalten
werden. Lincoln hatte wohl den Mut seiner Überzeugung

aber er war nicht radikal gesinnt. Der Mann, der, entgegen dem dringenden Rat seiner Freunde, mit der Rede von dem „Hause, so mit sich selbst uneins wird“, seine Wahl aufs Spiel setzte, wäre gewiß nicht davor zurückgeschreckt, auch weitergehende Ansichten auszusprechen wenn er sie überhaupt geteilt hätte. Es ist nur gerecht gegen ihn, wenn man annimmt, daß die damals geäußerte Meinung seine feste Überzeugung war, und daß, wenn er diese später änderte, es infolge neuer Ideen über gute Politik und über seine eigenen Pflichten, wie sie mancherlei neue Umstände und Anforderungen in ihm gezeitigt hatten, geschah. Charakteristisch ist, daß er den ganz unausführbaren Transportationsplan noch befürwortete, nachdem schon die Emanzipationsproklamation erlassen war.

Aber in diesem Kampfe zeigte sich Lincoln nicht nur als geschickter Debattierer, sondern auch als ein politischer Stratege ersten Ranges. Der „freundliche, liebenswürdige und intelligente Mann“, wie es Douglas gefallen hatte, ihn zu nennen, war keineswegs „ohne Falsch wie die Tauben“. Er besaß einen großen Anteil jenes weltklugen Scharfsinns, welcher nicht selten mit echter Schlichtheit des Wesens zusammentrifft. Die politische Erfahrung, die er in der Legislatur und im Kongreß gesammelt und in mancher Wahlkampagne erweitert hatte, und seine eigene harfe Geisteskraft machten ihn zu einem weitblickenden Beurteiler der Wirkung, die Worte und Taten eines Mannes in öffentlicher Stellung wahrscheinlich auf das Volk ausüben würden, machten ihn zu einem, der politische Chancen genau berechnen und richtig abschätzen und Resultate voraussagen konnte, wie kein zweiter unter den Parteileitern in Illinois. Und nun erkannte er scharfsichtig die böse Klemme, in der Douglas sich befand zwischen der Dred Scott-Entscheidung, welche erklärte, daß das Recht Sklaven zu halten in den Territorien kraft der Bundesverfassung bestehe, und seinem eigenen „großen Prinzip der Volksregierung", nach der die Bewohner eines Territoriums das Recht haben sollten, wenn es ihnen beliebte, die Sklaverei auszuschließen. Douglas wand und krümmte sich wie ein Aal, um nur nicht zugeben zu müssen, daß die beiden Positionen unvereinbar seien. Dann tat sich die Frage auf, ob es für Lincoln politisch richtig sei, Douglas zu einer klaren Äußerung seiner Meinung darüber zu zwingen, ob trotz der Dred Scott-Entscheidung die Bewohner eines Territoriums auf gesetzmäßigem Wege die Sklaverei innerhalb der Grenzen ihres Territoriums abschaffen könnten, ehe sie Staatsrechte und eine Staatsverfassung erlangten". Lincoln sah Douglas' Antwort voraus: daß Sklaverei in einem Territorium nur auf Verlangen der Bevölkerung und wenn sie ihr durch territoriale Gesetzgebung Schutz gewährte, be stehen könne. In einer improvisierten Wahlvorver sammlung wurde die Frage erörtert, ob man Dougla mit einer förmlichen Interpellation zur Entgegnun drängen sollte. Lincolns Freunde rieten jedoch ein stimmig davon ab, weil Douglas durch seine vorher zusehende Antwort der Bevölkerung von Illinois ge nügend empfohlen sein würde, um seine Wiederwah in den Senat zu sichern. Aber Lincoln bestand darauf „Ich jage ein größeres Wild", sagte er. „Wenn Douglas wirklich so antwortet, kann er niemals Präsident de Vereinigten Staaten werden, und der Kampf von 1860 wiegt hundert der heutigen Kämpfe auf." Douglas wurde förmlich interpelliert und antwortete, daß, un beschadet der Entscheidung des höchsten Gerichtshofes über die theoretische Frage, die Bevölkerung eines Territoriums jedenfalls gesetzliche Mittel habe, die Sklaverei in ihrem Bereich durch territoriale, dem Prinzip freundliche oder gegnerische Gesetzgebung ein zuführen oder abzuschaffen. Für Lincoln war es leicht, die Ungereimtheit des Satzes zu beweisen, daß, wenn die Sklaverei zugestandenermaßen in den Territorien kraft des höchsten Rechts, der Bundesverfassung, be stände, sie nicht durch ein untergeordnetes Gesetz der territorialen Verfassung ferngehalten oder aufgehoben werden könnte. Wieder traf die Ansicht der Politiker, e nur das Nächstliegende im Auge hatten, zu: ouglas wurde in den Senat wiedergewählt. Aber incoln behielt ebenfalls recht: Dadurch, daß Douglas ine Zuflucht zu seiner Doktrin der „unfreundlichen esetzgebung" (unfriendly legislation doctrine) nahm, üßte er die letzte Aussicht ein, je Präsident der ereinigten Staaten zu werden. Bei genügender ühne hätte er vielleicht hoffen können, von den Süd- aaten Vergebung für seine Opposition gegen die ecomptonsche Verfassung zu erlangen; aber daß er en Bewohnern der Territorien einen Kniff gelehrt atte, durch welchen sie das vereiteln konnten, was ie Sklavenhalter für ein verfassungsmäßiges Recht nsahen, und daß er diesen Kniff für gesetzmäßig klärte, das konnte ihm die sklavereifreundliche Macht iemals verzeihen. Der Bruch zwischen den Demo- aten des Südens und des Nordens war von dem ugenblick an vollständig und unheilbar.

Die Präsidentschaftswahlkampagne von 1860 nahte. er heiße Kampf in Kansas und die darauf bezüglichen ebatten im Kongreß, welche nicht selten heftige Aus- rüche der Leidenschaft verursachten, hielten das Volk fortwährender Aufregung. In der demokratischen artei wütete ein heftiger Fraktionskampf. Der emokratische Nationalkonvent trat in Charleston am 3. April 1860 zusammen. Nach zehntägigem heißem

Kampfe zwischen den Anhängern und Gegnern de Senator Douglas, während welchem die Abgeordnete aus den Baumwollstaaten sich ganz zurückgezoge hatten, wurde die Versammlung vertagt, ohne da sie einen der Kandidaten nominiert hatte, und trat an 18. Juni in Baltimore aufs neue zusammen. Es wa jedoch keine Aussicht darauf, die feindlichen Element zu versöhnen. Es wurde sogar wahrscheinlich, daß de Konvent von Baltimore Douglas nominieren würde während die abgefallenen südstaatlichen Demokrate einen eigenen, die extremsten sklavereifreundliche Prinzipien vertretenden Kandidaten aufstellen würden

Inzwischen trat der republikanische Nationalkonven in Chicago am 16. Mai voll Begeisterung und freudige Hoffnung zusammen. Die Lage war leicht zu über sehen. Den Demokraten gehörte der Süden. Un bei der Wahl den Sieg davonzutragen, mußten di Republikaner außer den Staaten, die Fremont in Jahre 1856 zugefallen waren, noch die sogenannte „zweifelhaften“ gewinnen, d. h. New Jersey, Penn sylvania und Indiana, oder Illinois an Stelle vo New Jersey oder Indiana. Die hervorragendste republikanischen Staatsmänner und Führer jener Zeit die für die Präsidentschaft in Frage kamen, ware Seward und Chase, die beide als Anhänger eine ausgesprochenen Antisklavereirichtung angesehen wur ‹en. Von diesen beiden hatte Seward die größte Anhängerschaft hauptsächlich aus New York, New England und dem Nordwesten. Vorsichtige Politiker ‹weifelten ernstlich daran, daß Seward, der wegen ‹iniger starken Ausdrücke in seinen Reden unverdienter‹ ‹veise in den Ruf eines rücksichtslosen Radikalen ge‹ ‹ommen war, sämtliche republikanische Stimmen der ‹weifelhaften Staaten erhalten würde. Auch hatte er ‹ich während seiner langen politischen Laufbahn Feinde ‹emacht. Es war augenscheinlich, daß diejenigen, ‹velche die Nominierung Sewards für zu gewagt ‹ielten, Chase aus demselben Grunde für nicht geeignet ‹alten würden. Man hielt also Umschau nach einem „geeigneten“ Manne, und unter den „geeigneten“ ‹tand in erster Linie Abraham Lincoln. Seine große Debatte mit Douglas hatte ihm nationale Berühmtheit ‹erliehen. Die Bewohner der Oststaaten wünschten ‹ehr, den Helden eines so dramatischen Kampfes von Angesicht zu sehen. Man hatte ihn vermocht, mehrere Städte des Ostens zu besuchen, und dort waren seine ‹ahlreichen und geistig hochstehenden Zuhörer von der ‹ervorragenden Kraft und Originalität seiner Reden ‹iberrascht und entzückt. Eine Rede, die er in New York im Cooper-Institut vor einem Publikum, das ‹um großen Teil aus hervorragenden Männern bestand, ‹ielt, wurde damals und wird noch jetzt für eine der an geschlossener Logik und kräftiger Beweisführung reichsten politischen Reden angesehen, die je in Amerika gehalten wurden. Die Bewohner des Westens waren stolz auf ihn als auf den „großen Mann" ihrer engeren Heimat. Seine Popularität wies manche Züge auf, die einen mächtigen Zauber ausüben mußten. Die Entdeckung Lincolns als eines geeigneten Kandidaten war durchaus nicht zufällig, wenngleich es nicht wahrscheinlich ist, daß er während seines Kampfes mit Douglas um den Sitz im Senat an die Möglichkeit einer dereinstigen Präsidentschaftskandidatur gedacht hat. Noch im April 1859 hatte er als Antwort auf die Anfrage eines Freundes geschrieben, daß er sich zum Präsidenten nicht für geeignet halte. Sein Ehrgeiz richtete sich damals nur auf die Vizepräsidentschaft. Einige seiner Freunde in Illinois nahmen sich der Sache jedoch sehr energisch an, und nach einigem Zögern autorisierte Lincoln sie, für ihn zu agitieren. Die Sache wurde dann mit solcher Energie und Umsicht geleitet, daß beim Konvent Lincoln nicht allein von Anfang an alle Stimmen von Illinois hatte, sondern auch von vielen anderen Seiten her Stimmen gewann, ohne dabei einen einzigen Rivalen zu verletzen. Die meisten Gegner Sewards gingen zu Lincoln über und errangen ihm bei der dritten Abstimmung die Nominierung. Wie vorhergesehen oar, wurde Douglas vom einen Flügel der demo-ratischen Partei in Baltimore, nominiert. Der extreme klavereifreundliche Flügel stellte hingegen Breckinridge als Kandidaten auf. Nach einer von seiten der Anti-klavereipartei mit Energie und echter Begeisterung geführten Kampagne schlugen die vereinigten Re-publikaner die uneinigen Demokraten, und Lincoln wurde in den Wahlkollegien mit einer Mehrheit von iebenundfünfzig Stimmen gewählt.

Das Ergebnis der Wahl war kaum bekannt ge-worden, als im Süden die lang drohende und sorg-fältig vorbereitete Spaltung in Gestalt offener Em-pörung losbrach. Fast einen Monat vor der Inau-guration Lincolns als Präsidenten der Vereinigten Staaten hatten bereits sieben südliche Staaten Se-essionsverordnungen eingeführt, eine unabhängige Konföderation gebildet, eine Verfassung entworfen und Jefferson Davis zum Präsidenten erwählt in der Er-wartung, daß die übrigen Sklavenstaaten sich ihnen bald zugesellen würden. Am 11. Februar 1861 ver-ließ Lincoln Springfield, um nach Washington über-usiedeln. Mit charakteristischer Schlichtheit bat er einen Teilhaber, den Namen der Anwaltsfirma Lincoln and Herndon" während der vierjährigen, unvermeidlichen Abwesenheit des Seniors nicht u ändern. Tief gerührt nahm er dann herzlichen Abschied von seinen Nachbarn und Freunden.

Die Situation, welcher sich der neue Präsident gegenüber befand, konnte wohl Schrecken einflößen. Im größten Teil des Südens herrschte offene Empörung, und die übrigen Sklavenstaaten schwankten und drohten, sich dem Süden anzuschließen. Der Aufstand wurde von entschlossenen, wagemutigen und geschickten Führern geleitet. Die ganze Bevölkerung der Südstaaten eilte, anscheinend voll Begeisterung und kriegerischem Mute, zu den Waffen und hatte schon einige der Festungen und Arsenale in ihrer Gewalt. Beim Regierungsantritt des neuen Präsidenten war die Staatsregierung der Union in den Händen von Männern, von denen einige offen für den Aufstand Partei ergriffen, während andere durch ihre überlieferte politische Doktrin in ihrer Stellungnahme behindert wurden und der Sache der Aufständischen durch ihre unentschlossene Haltung Vorschub leisteten. Alle Departements der Verwaltung waren voll Sympathien für den Süden, alle waren mit Illoyalität durchsetzt. Der Staatssäckel war leer, und der Staatskredit stand so schlecht wie nur möglich. Die Arsenale waren ungenügend mit Waffen versehen oder gar durch verräterische Umtriebe geleert. Das stehende Heer war unbedeutend, über eine große Fläche verstreut,

ıd einige der besten Offiziere waren abgefallen und
m verloren gegangen. Die Flotte war klein, die
chiffe veraltet. Und das war nicht alles. Die Drohung
s Abfalls und der Spaltung war in den letzten
ahren von der sklavereifreundlichen Macht so oft aus-
stoßen, daß die meisten Nordstaatler sie nicht mehr
nst nahmen. Aber als nun die Drohung sich plötzlich
rwirklichte, und die Spaltung in ihrem vollen Ernste
ı war, überlief es gleichsam den ganzen Norden mit
nem kalten Schauer. Der Ruf nach Eintracht und
rieden um jeden Preis erhob sich von allen Seiten.
ie demokratischen Parteigänger wiederholten den
uf mit lärmender Energie, und es wurde sogar
elen Republikanern der Sieg, den sie eben an der
Dahlurne davongetragen hatten, unheimlich, und sie
rachen von Kompromiß. Das ganze Land hallte
ider von den sogenannten anti-coercion meetings
s fehlte gewiß nicht an entschlossenen und festen
Dorten von entschiedenen Antisklavereimännern, aber
e wurden zeitweilig fast übertönt von einem wirren
urcheinander ohrzerreißender Stimmen. Und auch
ies war noch nicht alles. Einflußreiche Mächte in
uropa hegten den nur schlecht verhehlten Wunsch, daß
ie Spaltung der amerikanischen Union von Dauer sein
öchte, sie traten eifrig für die Sezessionisten ein,
nd die beiden hauptsächlichsten Marinemächte der

alten Welt schienen nur auf eine günstige Gelegenhei zu warten, um ihnen hilfreiche Hand zu bieten.

Dies war die Lage der Dinge, die „der ehrlich Abe Lincoln" meistern sollte, als er seinen Sitz au dem Präsidentenstuhl einnahm, er, „der ehrliche Ab Lincoln", der so gutmütig war, daß er nie „nein sagen konnte, dessen größte Tat eine Diskussion übe die Sklavereifrage gewesen war, der nie eine führend Stelle innegehabt hatte, der in hohen Staatspflichte gänzlich unerfahren war, und der die Männer, au deren Rat und Mitwirkung er sich verlassen sollte, fa nur von Ansehen kannte. Sein Regierungsantrit wurde deshalb durchaus nicht mit allgemeinem Ver trauen begrüßt, selbst nicht in seiner eigenen Partei Er hatte wohl große Popularität erreicht, aber viel Republikaner, besonders solche, die Sewards Nomi nierung zum Präsidentschaftskandidaten befürworte hatten, sahen mit einem an Schrecken grenzende Gefühl den schlichten „Rechtsanwalt aus Illinois" di Zügel der Regierung ergreifen. Redner und Zeitunge der Opposition karikierten ihn und machten ihn au jede Weise lächerlich. Viele wunderten sich geradez darüber, wie ein solcher Mann es wagen könne, ein Aufgabe zu unternehmen, welche nach seinen eigene Abschiedsworten an seine engeren Landsleut „schwieriger als diejenige Washingtons" war.

Lincoln brachte freilich zur Bewältigung dieser Aufgabe, neben anderen seltenen Eigenschaften, das erste und wichtigste Erfordernis mit, nämlich eine instinktive Erkenntnis ihrer Natur. Wenn er sich auch einen Augenblick der Illusion hingab, daß die Union ohne Krieg erhalten oder wiederhergestellt werden könnte, so konnte er doch all die schwierigen Probleme, die er würde lösen müssen, nicht voraussehen. Er begriff nur instinktiv, wie ein solcher Konflikt von einer demokratischen Regierung behandelt werden mußte. Er wußte, daß der bevorstehende Krieg, ob groß oder gering, nicht wie ein Krieg gegen äußere Feinde eine allgemeine nationale Begeisterung entflammen, sondern als ein Bürgerkrieg wahrscheinlich den Parteihader — selbst in den unter dem Einfluß der Regierung stehenden Gegenden — zu ungewöhnlicher Heftigkeit entfachen würde. Er wußte auch, daß dieser Krieg nicht mittels eines vorhandenen, von einem absoluten Willen beherrschten Kriegsapparats geführt werden konnte, sondern daß die Mittel dazu erst geschaffen, vom Volke freiwillig dargebracht werden mußten. Ein Heer mußte gebildet werden und zwar aus Freiwilligen. Große Summen Geldes waren nötig; das Volk mußte sie aufbringen, indem es sich durch seine Abgeordneten selbst besteuerte. Es mußte vertrauensvoll außergewöhnliche Macht in die Hände einzelner legen.

drückenden Kriegsmaßnahmen, welche die gewohnten Rechte und Freiheiten des Bürgers beschränkten, mußte sich das Volk oder doch die große Mehrzahl des Volkes freiwillig und ohne Murren unterwerfen. Und dieser Zustand, das wußte Lincoln, würde nicht nur während einer kurzen Zeit der Begeisterung dauern, sondern möglicherweise durch lange beschwerliche Jahre, die in wechselndem Erfolge Glück und Unglück, Hoffnung und Verzweiflung bringen würden. Wenn er die Regierung vermittelst der öffentlichen Meinung erfolgreich durch all die von Vorurteilen, Zweifeln und Meinungsverschiedenheiten in der Volksseele geschaffene Verwirrung führen wollte, und wenn er den Volkswillen so versöhnen, begeistern, beeinflussen und leiten wollte, daß das Volk alle zur Ausführung der gewaltigen Aufgabe nötigen Mittel gewährte, dann mußte er, das fühlte er, alle Strömungen und Einflüsse, welche die Gefühls- und Gedankenwelt des Volkes stark bewegten, berücksichtigen und lenken, während er glauben machte, daß er ihnen gehorchte.

Er fühlte instinktiv, daß, wenn ein freies Volk als Ganzes vorwärts geführt werden sollte, um eine große gemeinsame Gefahr unter den allerschwierigsten Umständen zu überwinden, dies die Art Führerschaft sei, deren es bedürfe, eine Führerschaft, die nicht nur kühn voranstürmt, unbekümmert darum, wer ihr folgt, ndern die darauf bedacht ist, alle verfügbaren Kräfte stzuhalten und alle Nachzügler zu sammeln und auf iese Weise die Kolonne geschlossen zu halten, damit ie Front im Vormarsch gut unterstützt werde. Für ine solche Führerschaft eignete Abraham Lincoln sich anz besonders, ja, besser als irgendein anderer der amaligen amerikanischen Staatsmänner. Er hatte erständnis für die einfachen Leute aus dem Volk, ir ihre Liebe und ihren Haß, ihre Vorurteile und ihre dlen Impulse, ihre Schwäche und ihre Kraft; er annte sie so gut, wie er sich selbst kannte, und sein erständnisvolles, teilnehmendes Wesen trug ihm auch hre Teilnahme und ihre Zuneigung ein.

Seine Inaugurationsrede ließ seinen politischen Kurs in charakteristischer Weise vorhererkennen. Im Prinzip gab er in dieser Ansprache kein Tüttelchen ach, aber sie war nicht das flammende Antisklaverei-Manifest, wie es den eifrigeren Republikanern lieb ewesen wäre. Es war eher das Bitten und Ermahnen ines betrübten Vaters, der mit eigensinnigen Kindern pricht. Mit den freundlichsten Worten wies er die Sezessionisten darauf hin, wie schlecht beraten sie bei hrem Versuch der Trennung seien, und weshalb sie m allereigensten Interesse davon ablassen sollten. Nachdrücklich, aber fast mit einem Anfluge von Wehmut agte er ihnen, ebenso wie *ihre* Pflicht nicht sei, die

Union zu zerstören, so sei es *seine* heiligste, mit dem Eide bekräftigte Pflicht, die Union zu erhalten. Er sagte, das Wenigste, was ihm der Verfassungseid auferlegte, sei, das Eigentum der Union zu hüten und zu bewahren, er hoffe, dies mit friedlichen Mitteln zu erreichen, denn er verabscheue den Krieg, zu welchem Zwecke auch immer, und es werde keinen Krieg geben, wenn *sie* nicht die Angreifer wären. Das Ganze war ein Meisterstück der Überredungskunst und war im wesentlichen Lincolns eigenes Werk, wenn auch Seward ihm manche Zusätze und Verbesserungen vorgeschlagen hatte. Vermutlich erwartete Lincoln nicht, daß seine Inaugurationsrede irgendeinen Einfluß auf die Sezessionisten ausüben würde, denn er mußte wissen, daß sie um jeden Preis zur Trennung entschlossen waren. Aber seine Worte enthielten einen Appell an die unentschlossenen Geister im Norden, und auf sie übte die Rede eine gewaltige Wirkung aus. Jeder offene und ehrliche Mensch, wenn er auch noch so ängstlich und unentschlossen war, mußte zugeben, daß der Präsident durch seinen Eid gebunden war, seine Pflicht zu tun, daß dieser Eid ihn zwang, das zu tun, was er zu tun versprach, daß, wenn die Sezessionisten einem solchen Appell wie dem des Präsidenten widerstanden, sie Böses im Schilde führen mußten, und es dann notwendig sei,

e Regierung gegen sie zu unterstützen. Die Partei-
ahme und Sympathie für die Aufständischen in den
üdstaaten verschwand allerdings nicht ganz im Norden,
er sie wurde angesichts solcher Vernunftgründe
esentlich geringer. Die, welche Widerstand leisteten,
ten es auf die Gefahr hin, unpatriotisch zu erscheinen.

Es darf aber nicht angenommen werden, daß es
incoln sofort gelang, es jedem recht zu machen;
lbst unter seinen Anhängern und seinen nächsten
reunden erhoben sich mißbilligende Stimmen. Bei
r Bildung seines Kabinetts, welche er im wesent-
hen vollendet hatte, ehe er von Springfield nach
ashington übersiedelte, hielt er es für klug, die
nterstützung der einflußreichen Männer seiner
artei in Anspruch zu nehmen, besonders der-
nigen, die seine Nebenbuhler im Konvent von
hicago gewesen waren und erwiesenermaßen über
nhang verfügten. In ihnen fand er zugleich Ver-
eter der verschiedensten Meinungsschattierungen inner-
alb der Partei und der verschiedenen Elemente,
ühere Whigs und frühere Demokraten, aus denen
e Partei zusammengesetzt war. Dies war unter den
amaligen Umständen die richtigste Politik. Es war
eilich vorauszusehen, daß unter den Mitgliedern
nes derartig zusammengesetzten Kabinetts störende
leinungsverschiedenheiten und Rivalitäten ausbrechen

würden. Dennoch war es für den Präsidenten besse diese führenden und ehrgeizigen Männer in seine Nähe zu Mitarbeitern, als sie im Kongreß zu Gegner und Kritikern zu haben, wo ihre Differenzen sich i der gemeinsamen Opposition gegen Lincoln wahr scheinlich geschlichtet haben würden. Als Mitgliede seines Kabinetts konnte er hoffen, sie zu beherrsche und im Dienste der Allgemeinheit beschäftigt zu halter wenn er Kraft dazu besäße. Ob er diese Kraft besäße sollte bald auf eine besonders harte Probe gestell werden.

Es kann kein Zweifel sein, daß Seward und Chase die beiden hervorragendsten republikanischen Staats männer, sich von ihrer Partei gekränkt und zurückgeset gefühlt hatten, als in ihrem Nationalkonvent ihne als Präsidentschaftskandidat ein Mann vorgezoge wurde, dem sie sich sehr natürlicher Weise sowoh was Fähigkeit und Erfahrung betraf als auch in Staatsdienst überlegen fühlten. Die Bitterkeit diese Enttäuschung wurde noch verschärft, als sie das Ge bahren dieses Mannes aus dem Westen im Weiße Hause gewahrten und sahen, wie er, dem noch i Worten und Manieren so viel Bäurisches anhaftete seine Mitbürger alle, groß und gering, mit schlichte Herzensgüte und ohne allen Aufwand von offizielle oder würdevoller Haltung als Gleichgestellte empfing

nd die Staatsgeschäfte in einer formlosen, unsystema-
ischen und anscheinend sogar etwas sorglosen Weise
rledigte. Sie verstanden einen solchen Mann einfach
icht. Besonders Seward, der als Staatssekretär sich
ls nächster zur Exekutive fühlte und sich bald an-
ewöhnte, auf eigene Hand Befehle zu erteilen und
Inordnungen zu treffen, hielt es für notwendig, die
Leitung der öffentlichen Angelegenheiten aus so un-
eschickten Händen zu retten und sich selbst der Sache
nzunehmen. Nach Ablauf des ersten Monats der
euen Administration legte er Präsident Lincoln ein
Memorandum vor, welches von Nicolay und Hay
ntdeckt und zuerst veröffentlicht wurde und einen
hrer wertvollsten Beiträge zur Geschichte jener Zeit
ildet. In diesem Schriftstück wirft Seward dem
Präsidenten geradezu vor, daß jetzt, nach Verlauf
ines ganzen Monats der Administration, die Re-
gierung noch keine erklärte Politik, weder in den inneren
och in den äußeren Angelegenheiten, habe. Er sagte
erner, die Sklavereifrage müsse unbedingt aus dem
Kampf um die Union ausgeschaltet werden, und die
Frage der Erhaltung der Forts und sonstigen Be-
itzungen im Süden müsse im Hinblick darauf entschieden
verden. Er betonte, daß von Spanien und Frankreich
ganz kategorisch Erklärungen verlangt werden müßten,
venn eine dieser Mächte bereite sich darauf vor, Besitz

von San Domingo zu ergreifen, und beide beabsichtigten in Mexiko einzufallen. Auch müßten Erklärungen von Rußland und Großbritannien gefordert und im ganzen amerikanischen Festlande eine kräftige Stimmung nationaler Unabhängigkeit gegen europäische Intervention geweckt werden. Diese Politik müßte dauernd und energisch von einer maßgebenden Person befolgt und geleitet werden, entweder müsse sich der Präsident selbst ihr vollständig widmen, oder er müsse dieses Amt irgendeinem Mitgliede des Kabinetts übertragen, worauf jegliche Diskussion über diese Politik beendet sein müsse.

All dies konnte nur als eine Forderung in aller Form verstanden werden, daß der Präsident seine eigene Unfähigkeit zur Amtsführung anerkennen und sich damit begnügen sollte, kleine Ämter zu verteilen, um in den wichtigen Angelegenheiten die ganze Macht in die Hände seines Staatssekretärs zu legen. Heutzutage erscheint es unbegreiflich, daß ein Staatsmann von der Bedeutung Sewards zu jener Zeit ein politisches Programm vorschlagen konnte, in welchem die Sklavereifrage keinen Platz hatte. Die vorgeschlagene Politik beruhte auf der gänzlich irrigen Voraussetzung, daß die Sezessionisten, die bereits ihre Konföderation gebildet hatten und fest entschlossen waren, für ihre Unabhängigkeit zu kämpfen, ja bereits

ŗre Vorbereitungen zum Kriege trafen, durch eine
ntimentale Demonstration gegen die europäische
ntervention noch wieder in die Union zurückgelockt
erden könnten. Eine solche Politik hätte im kritischen
ugenblick die Union in einen auswärtigen Krieg ver-
ickelt und hätte die europäische Intervention zu-
unsten der Südstaaten geradezu herausgefordert und
adurch ihre Aussichten im Kampfe um die Unab-
ängigkeit zehnfach verbessert. Ebenso unbegreiflich
t auch, daß Seward nicht erkannte, welch tödliche
eleidigung diese Aufforderung zum bedingungslosen
erzicht für das Haupt der Regierung in sich schloß,
nd daß durch die schriftliche Darlegung seines Vor-
hlags er sich gerade dem Manne preisgab, den er
eleidigte. Hätte Lincoln nämlich, wie die meisten
räsidenten es gemacht haben würden, Seward sofort
ntlassen und dabei den wahren Grund seiner Ent-
ssung veröffentlicht, so wäre es mit Sewards Karriere
u Ende gewesen. Lincoln aber tat, was wenige der
delsten und größten Männer der Weltgeschichte getan
aben würden. Er war der Meinung, daß Seward
n der Stelle, wo er stand, wenn er richtig geleitet
urde, dem Vaterlande noch große Dienste leisten
onnte. Er ignorierte also die Beleidigung, stellte aber
nerbittlich seine Autorität fest. In einer Antwort, die
ofort abgeschickt wurde, teilte er Seward mit, daß die

Administration allerdings eine innere Politik habe wie sie mit Sewards Billigung in der Inaugurationsrede niedergelegt sei, und daß ihre auswärtige Politi aus Sewards, vom Präsidenten gebilligten, Depeschen zur Genüge hervorgehe. Sollte die Politi der Regierung fortgesetzt oder geändert werden müssen, so wolle er, der Präsident, es au eigene Verantwortung tun. In dieser Erfüllung seiner Pflichten aber habe der Präsident ein Rech auf die Unterstützung seiner Minister. Die phantastischen Pläne Sewards von auswärtigem Krieg und europäischer Politik schob Lincoln stillschweigend beiseite. Damit war die Sache erledigt. Seward mußte wohl gefühlt haben, daß er in der Gewalt eines überlegenen Mannes war, daß sein beleidigender Vorschlag als vorübergehende Verirrung großmütig verziehen worden war, und daß er diese seine Verirrung nur durch größte persönliche Hingabe und Loyalitä wieder gut machen könnte. Das tat er. Er war vollständig bezwungen und legte hinfort Lincoln alle seine Depeschen ohne Murren zur Durchsicht und zur Revision vor. An einen Krieg mit Europa wurde nicht mehr gedacht; die Sklavereifrage fand mit der Zei ihre Erledigung im Kampf für die Union, und als in späterer Zeit von einigen unzufriedenen Senatoren Seward die Fehler der Administration vorgeworfen

nd seine Entlassung verlangt wurde, hielt Lincoln fest
seinem treuen Staatssekretär.

Chase, der Schatzsekretär, Lincolns zweiter besiegter
egenkandidat, war ein schöner Mann, von außer-
rdentlicher Befähigung und glühendem Patriotismus.
ine gewisse äußere Kühle ließ ihn zurückhaltender
scheinen, als er wirklich war, und ließ die Ent-
iuschung über seine Niederlage nicht so stark
im Ausdruck kommen. Lincolns Art war jedoch
grundverschieden von seiner eigenen, daß sie
m nie ganz verständlich wurde und ihm jeden-
lls nie sympathisch war. Es wäre vielleicht
esser gewesen, wenn zu Anfang der Administration
n entschiedener Konflikt zwischen Lincoln und Chase
itstanden wäre, wie zwischen Lincoln und Seward;
n solcher hätte eine gegenseitige offene Aussprache
n Gefolge gehabt, und Chase wären für eine wahre
Vertschätzung von Lincolns ernster Sinnesart die
ugen geöffnet. So blieb das Verhältnis der beiden
ets ein wenig förmlich, und Chase fühlte sich nie
anz behaglich unter einem Staatsoberhaupte, dem
kein rechtes Verständnis entgegenbrachte und dessen
harakter und Fähigkeiten er nie ganz richtig ge-
ürdigt hat. Indessen widmete er sich eifrig den
flichten seines Ressorts und leistete dem Vaterlande
nter den schwierigsten Verhältnissen die größten

Dienste. Niemand erkannte dies herzlicher an al Lincoln selbst, und sie arbeiteten bis gegen Schlu des ersten Abschnittes von Lincolns Präsidentscha auch gut zusammen; dann nahm Chase seine En lassung vom Schatzamt infolge von Meinungsve schiedenheiten über Besetzung von Ämtern. Nach der Tode Taneys ernannte der Präsident ihn zum Chie Justice, zum Vorsitzenden des obersten Gerichts.

Im übrigen bestand das Kabinett aus wenige bedeutenden Männern, die sich auch leichter unte warfen. Im Januar 1862 hielt es Lincoln für nötig Cameron aus dem Kriegsministerium herauszukom plimentieren und Edwin A. Stanton an seine Stelle z setzen, einen Mann von äußerst praktischem Sinn abe von hitzigem Temperament, schroffem, rechthaberischen Wesen und rücksichtsloser Energie. Er hatte ein gewaltige Arbeitskraft und war von hohem Patrio tismus und größtem Pflichtgefühl beseelt. Er nahm das Kriegsministerium an nicht als Parteimitglied denn er war nie ein Republikaner gewesen, sonder nur, weil er alles tun wollte, was in seiner Macht stand „um das Vaterland zu retten". Die Art, in welche es Lincoln gelang, diesen Löwen zu bändigen und seinem Willen gefügig zu machen durch freimütige Anerkennung seiner großen Anlagen und Eigenschaften durch Gewährung des hochherzigsten Vertrauens adurch, daß er ihn nach besten Kräften in seiner Arbeit unterstützte und ihm bei Meinungsverschieden-eiten freundlich nachgab oder ihn liebevoll überredete oder, wenn es nötig war, fest seinen höheren Willen urchsetzte, legt ein beredtes Zeugnis ab von seiner Kunst Menschen zu beurteilen und zu behandeln. Stanton war mit einer sehr geringen Meinung von Lincolns Charakter und Können in den Staatsdienst etreten; er wurde aber einer seiner ergebensten Freunde, der ihm die wärmste Anerkennung zollte. Nit keinem der übrigen Staatssekretäre pflog Lincoln o vertrauten Umgang. Es war eine von Lincolns ervorragendsten Eigenschaften, offen und unbefangen Ratschläge anzunehmen und sie, ohne jede Eitelkeit auf seine eigene Meinung, zu prüfen; er hatte jedoch noch nicht lange den Vorsitz in seinem Kabinettsrat geführt, als schon alle Mitglieder desselben fühlten, daß sein Geist der herrschende sei.

Die vorsichtige Politik, welche er in seiner Inaugu-ationsrede angekündigt und während der ersten Periode des Bürgerkrieges befolgt hatte, befriedigte ängst nicht alle seine Anhänger. Die feurigen Geister unter den Unionsleuten hielten es für richtig, daß der ganze Norden sofort zu den Waffen gerufen werde, damit die Sezession mit e i n e m kräftigen Schlage niedergeworfen würde. Die feurigen Geister unter den Antisklavereimännern behaupteten, die Sklaverei habe die Sezession hervorgebracht, daher müsse jener kräftige Schlag gegen die Sklaverei geführt werden. Beide beklagten sich, daß die Regierung kleinmütig, unentschlossen und von bedauernswerter Langsamkeit im Handeln sei. Lincoln urteilte anders. Die Gedanken und Gefühle des Volkes, der „schlichten Leute", waren ihm stets gegenwärtig. Aus den Reihen des Volkes rekrutierten sich die Mannschaften zum Kriege, wenn überhaupt Krieg geführt werden sollte. Er war überzeugt, daß das Volk bereit sein würde, in den Krieg zu ziehen, wenn er durchaus notwendig erschien, und diese Notwendigkeit einsehen würde, wenn es selbst angegriffen würde. Daher wartete er, bis die Feinde der Union den ersten Schlag geführt hatten. Sobald am 12. April 1861 die erste Kanone im Hafen von Charleston auf die vom Fort Sumter wehende Unionsflagge abgefeuert worden war, erscholl der Kriegsruf, und die Bevölkerung des Nordens eilte zu den Waffen.

Lincoln wußte, daß das Volk wohl bereit war, zur Verteidigung der Union in den Krieg zu ziehen, aber noch nicht bereit, für die Abschaffung der Sklaverei zu kämpfen. Er erklärte öffentlich, daß er das Recht habe, das Volk zum Kampf für die Union aufzurufen, aber nicht zum Kampf gegen die Aufhebung der klaverei in erster Linie. Diese Erklärung erwarb ihm ahllose Soldaten für die Union, welche zu jener Zeit och gezögert haben würden, gegen die Institution der klaverei zu Felde zu ziehen. Eine Zeitlang gelang s ihm, den Ruf der Oppositionspartei, daß die epublikanische Regierung den Krieg der Union in inen „Abolitionskrieg" verkehre, unschädlich zu machen. lber als er so weit ging, gegen einzelne die Sklaven-manzipation begünstigende Handlungen der im Felde ehenden Generäle in ihrem Bezirk Gegenbefehl zu eben, erschollen laute Klagen der eifrigen Anti-klavereimänner, welche den Präsidenten beschuldigten, er Antisklavereisache untreu geworden zu sein. Viele ieser Männer werden jetzt bei ruhiger, rückschauender lberlegung bereitwillig zugeben, daß es eine gefährliche Dolitik gewesen wäre, den Erfolg des Kampfes für ie Union durch einen vorschnell herbeigeführten, emonstrativen Kampf gegen die Sklaverei aufs Spiel u setzen.

Lincolns Ansichten und Empfindungen, die Skla-verei betreffend, waren unverändert. Diejenigen, die amals vertrauliche Gespräche mit ihm über die Sache eführt haben, wissen, daß er nicht erwartete, daß die Sklaverei den Sieg der Union lange überdauern vürde, auch wenn sie nicht gleich durch den Krieg elbst vernichtet werden würde. Hierin behielt er recht.

Wenn das Heer der Union in einem frühen Stadium des Kampfes schon einen entscheidenden Sieg errungen hätte und die abtrünnigen Staaten mit der Sklaverei wieder in den Bund aufgenommen worden wären, so wäre die „Sklavenhaltermacht" doch eine besiegte Macht gewesen, besiegt bei ihrem Versuch, ihre wirkungsvollste Drohung auszuführen. Sie hätte ihr Ansehen eingebüßt. Ihre Drohungen würden einen hohlen Klang bekommen und niemand mehr erschreckt haben. Sie hätte alle Hoffnung darauf, sich auszubreiten, sich auf irgendeinem Gebiete des Kongresses im Gleichgewicht mit den anderen Parteien zu erhalten und die Regierung zu beeinflussen, aufgeben müssen. Die siegreichen freien Staaten hätten ein großes Übergewicht auf sie ausgeübt, und sie hätte dem Einfluß eines ihren Ideen feindlichen Zeitalters nicht widerstehen können. Sie hätte nicht mehr herrschen können, und für das von ihr vertretene Prinzip der Sklaverei war Herrschen eine Lebensfrage. Die Sklaverei hätte vielleicht noch eine Zeitlang ihr Dasein gefristet, aber sie wäre gewiß „der Auflösung verfallen" gewesen. Die längere Dauer des Krieges beschleunigte das Ende der Sklaverei, ein kurzer Krieg hätte vielleicht nur ihren Todeskampf in die Länge gezogen. Lincoln erkannte dies klar. Er erkannte aber auch, daß durch einen verlängerten Todeskampf der Sklaverei illoyale

efühle lebendig erhalten, beunruhigender Aufruhr
schürt und dem Vaterlande großer Schaden zugefügt
erden konnte. Er hoffte also, daß die Sklaverei den
rieg nicht überdauern würde.

Die Frage hingegen, wie er wohl seine Macht und
inen Einfluß gebrauchen könnte, um das schleunige
nde der Sklaverei herbeizuführen, war ihm nicht bloß
efühlssache. Er selbst hat später seine Ansichten und
chlußfolgerungen darüber in einem seiner unver-
eichlichen Briefe veröffentlicht. „Natürlich bin ich
egner der Sklaverei", schrieb er. „Wenn Sklaverei
in Unrecht ist, gibt es überhaupt kein Unrecht. Ich
nn mich der Zeit nicht erinnern, wo ich das nicht
dacht und gefühlt habe. Dennoch gab mir die
räsidentschaft meines Erachtens nie das Recht,
nbegrenzt nach diesem meinem Urteil und Gefühl
handeln. Bei meiner Inauguration erklärte ich,
ß ich nach bestem Wissen und Gewissen und mit
nzer Kraft alles tun wolle, um die Unionsver-
ssung zu erhalten, zu schützen und zu verteidigen.
ch konnte mein Amt nicht antreten, ohne jenen Eid
leisten. Auch war es nicht meine Ansicht, daß ich
n Eid leisten dürfte, um zur Macht zu gelangen,
nd dann bei Ausübung dieser Macht meinen Eid
erletzen dürfte. Meines Erachtens verbot mir jener
id sogar, in Regierungsangelegenheiten meiner

persönlichen Ansicht über die Sklavereifrage nachzu geben. Ich sah jedoch ebenfalls ein, daß mei Eid mir die Pflicht auferlegte, nach besten Kräfte und mit allen verfügbaren Mitteln die Regierun und die Nation zu erhalten, deren organische Gesetz die Verfassung war. Ich konnte nich finden, daß ich nach besten Kräften auch nu versucht hätte, die Verfassung zu erhalten, wen ich, um die Sklaverei oder auch eine geringere Sach zu retten, den Ruin sowohl der Regierung und de Landes, als auch der Verfassung geduldet hätte. Mit anderen Worten, wenn das Wohl der Staats regierung, der Verfassung und der Union die Ve nichtung der Sklaverei erfordert hätte, so fühlte e daß es nicht nur sein Recht, sondern auch seine heilig Pflicht sei, sie zu vernichten. Infolge des Krieges fü die Union wurde ihre Vernichtung eine Notwendigkei

Als der Krieg sich immer länger hinzog und ei Mißgeschick dem andern folgte, wurde das Gefül jener Notwendigkeit in Lincoln immer lebendige Seine Freunde erinnern sich wohl, daß er schon z Beginn des Jahres 1862 erkannte, was Seward nich einzusehen schien, daß dem Unionskriege einen sklave reigegnerischen Charakter zu geben das sicherste Mitte sein würde, die Anerkennung der südstaatlichen Konfö deration als unabhängigen Staat seitens der euro äischen Großmächte zu verhindern. Da die Sklaverei on der ganzen zivilisierten Menschheit als unmoralisch erabscheut wurde, konnte keine europäische Regierung s wagen, der öffentlichen Meinung ihres Volkes eine o grobe Beleidigung zuzufügen, wie darin lag, daß ie offen für die Gründung eines neuen, auf Sklaverei egründeten Staates eintrat zum Schaden eines schon estehenden und gegen die Sklaverei kämpfenden. Er erkannte auch, daß, solange die Sklaverei unangetastet fortbestand, sie für die Sezession ein Element er Macht war, und daß, wenn jene Macht überwunden verden sollte, es unbedingt nötig war, sie in ein Element der Schwäche zu verwandeln. Es war ihm edoch durchaus nicht sicher, daß das Volk bereit sein vürde, ein so radikales Mittel wie die Emanzipation er Sklaven durch Staatsgesetz zu verfügen, und er rwog mit Besorgnis, daß, wenn es nicht dazu bereit väre, dieser große Schritt dadurch, daß er im Norden Zwist hervorriefe, der Sache der Union auf der einen Seite mehr schaden könnte, als er ihr auf der andern ützte. Er hieß den in New York wiederholt gemachten Versuch willkommen, das Gewissen des Publikums n der Sklavereifrage aufzurütteln und seine Gedanken durch öffentliche Versammlungen zu beeinflussen, welche sich kühn für die Sklavenemanzipation aussprachen. Zu gleicher Zeit trat er selbst vorsichtig mit einer in besonderer Botschaft an den Kongreß gerichteten Befürwortung eines Antrags hervor, daß die Vereinigten Staaten jedem Staate ihre Mitwirkung gewähren sollten, welcher die allmähliche Aufhebung der Sklaverei einzuführen gewillt sei, und einen solchen Staat auch mit Geldmitteln zur Entschädigung ehemaliger Sklavenhalter unterstützen solle. Die Diskussion begann und zog bald immer weitere Kreise. Der Kongreß nahm den befürworteten Antrag an und ging bald einen Schritt weiter: er nahm einen Gesetzentwurf an, nach welchem im Distrikte Kolumbien die Sklaverei aufgehoben wurde. Auch die breiteren Schichten des Volkes fingen an, sich in größerem Maße mit der Sklavenemanzipation zu beschäftigen als einer Sache, die von patriotisch gesinnten Bürgern wohl erwogen werden müsse. Bald meinte dann Lincoln, daß die Zeit gekommen sei, und man ohne Gefahr ernstlicher Verwirrung in den Reihen der Union das Emanzipationsedikt wagen könne.

Das Mißlingen von Mc Clellans Bewegung auf Richmond steigerte das Ansehen des Feindes erheblich. Das Bedürfnis nach einer großen, die Lebenskraft der Union anspornenden Tat wurde täglich dringender. Am 21. Juli 1862 überraschte Lincoln sein Kabinett mit dem Entwurf einer Proklamation, welche die Sklaven in allen am 1. Januar 1863 noch gegen die

Inion in Aufstand befindlichen Staaten für frei er-
lärte. Er verkündete, daß in der Sache selbst sein
Entschluß unweigerlich feststünde; er erbat sich Rat
ur betreffs der Form und des Zeitpunktes der Ver-
ffentlichung. Seward deutete darauf hin, daß, wenn
ie Proklamation jetzt, mitten in all dem Mißgeschick
nd Kriegsunglück erlassen würde, es wie der letzte
Notschrei einer verlorenen Sache klingen würde.
Lincoln gab Seward recht, und die Proklamation
vurde verschoben. Es folgte abermals eine Nieder-
age, die zweite bei Bull Run. Als aber nach jener
Schlacht das Heer der Konföderierten unter Lee über
en Potomac ging und in Maryland einfiel, gelobte
Lincoln im tiefsten Herzen, daß, wenn dem Unions-
eere nunmehr ein Sieg verliehen würde, das Frei-
assungsdekret sicherlich veröffentlicht werden sollte.
Die Schlacht bei Antietam wurde am 17. September
ewonnen, und die vorläufige Emanzipationspro-
lamation wurde am 22. desselben Monats erlassen.
Es war Lincolns eigenster Entschluß, seine eigenste
Tat; aber sie verpflichtete tatsächlich das ganze Volk:
s gab kein Zurück mehr. Trotz mancher Einschrän-
ungen bedeutete sie tatsächlich die Aufhebung der
Sklaverei. Also schrieb Lincoln seinen Namen auf
ie Tafeln der Geschichte und mit dem Titel, der ihm
m liebsten war: Sklavenbefreier.

Freilich, die große Proklamation, welche den Krieg zu einem Kriege für „Einheit und Freiheit" stempelte, ließ nicht gleich einen Umschwung in den Ereignissen auf dem Kriegsschauplatze erkennen. Es gab weitere Mißerfolge: Fredericksburg und Chancellorsville. Aber mit Gettysburg und Vicksburg veränderte sich das ganze Bild des Krieges. Schritt für Schritt, erst langsam, dann schneller und immer sieghafter wurde die Fahne der Union von Schlachtfeld zu Schlachtfeld ihrem hohen Ziele entgegengetragen. Der Erlaß des Emanzipationsdekrets hatte natürlich das Eintreten zahlreicher freigewordener Neger in das Unionsheer zur Folge. Diese Maßregel hatte eine viel weitgehendere Wirkung, als bloß dem Unionsheere mehr Mannschaften zuzuführen. Die ganze Arbeiterschaft der Sezessionsstaaten war vollständig und hoffnungslos desorganisiert. Der Krieg wurde zu einem Rechenexempel. Im selben Maße wie die Armeen der Union vorrückten, verringerte sich das Areal, aus dem die Südstaatliche Konföderation Rekruten und Kriegsvorräte erheben konnte, während das Areal, aus dem die Union ihre Verstärkungen bezog, sich stetig vergrößerte. Dabei hatte die Union überall, sogar innerhalb des südlichen Heeres, ihre Anhänger. Das Schicksal der Sezession war schon damals tatsächlich besiegelt, aber es bedurfte noch harter Arbeit und viel

lutvergießens, um die tapferen Krieger, welche für
e Sezession kämpften, zu überzeugen, daß ihre
ache verloren war.

Die Emanzipationsproklamation erfuhr auch in
en Reihen der loyalen Anhänger der Union keines-
egs sofort ungeteilten Beifall. Bei den Herbst-
ahlen 1862 traten schon deutliche Zeichen einer
eaktion gegen die Administration hervor, welche die
on vielen gehegte Ansicht zu rechtfertigen schienen,
aß der Präsident der Entwicklung des Volksemp-
ndens und Volkswillens vorgegriffen habe. Der
uf, daß der Krieg der Union in einen Abolitions-
ieg verwandelt worden sei, wurde abermals und
uter als je von der Opposition erhoben. Aber der
esunde Menschenverstand und die patriotischen In-
inkte des Volkes stellten sich allmählich auf Lincolns
eite, und er nahm jede Gelegenheit war, diese Ent-
icklung der Dinge durch persönliche Erörterung und
rmahnung zu fördern. Es hat in Amerika nie einen
räsidenten gegeben, der in so fortwährender, tätiger
ühlung mit der öffentlichen Meinung in seinem
ande gewesen ist; es hat auch nie einen gegeben,
er, obgleich an der Spitze der Regierung, doch dem
olke so nahe gestanden hat. Weit über den Kreis
erer hinaus, die ihn lange gekannt hatten, nahm die
mpfindung stetig zu, daß der Mann im Weißen Hause

immer der „ehrliche Abe Lincoln" geblieben war, und daß jeder Bürger sich ihm mit Klagen, Vorstellungen oder Ratschlägen nähern durfte, ohne dabei Gefahr zu laufen, stolz und herrisch abgewiesen oder durch gönnerhafte Herablassung gedemütigt zu werden. Dieses Vorrecht wurde denn auch von so vielen und mit so rücksichtsloser Freiheit ausgeübt, daß eine wahrhaft übermenschliche Geduld dazu gehörte, sie überhaupt zu ertragen. Es weilen noch heute Männer unter uns, die jetzt mit Erstaunen, wenn nicht mit Bedauern das wieder lesen würden, was sie Lincoln damals zu sagen und zu schreiben wagten. Lincoln wies jedoch keinen zurück, von dem er annahm, daß er im guten Glauben und aus patriotischen Gründen das Wort an ihn richtete. Kein guter Ratschlag wurde unbeachtet gelassen. Keine offene Kritik beleidigte ihn. Keine ehrliche Opposition, wenn sie ihm auch noch so schmerzlich war, konnte eine dauernde Entfremdung zwischen ihm und dem Gegner aufkommen lassen. Es darf behauptet werden, daß wenige Männer, die an der Spitze einer Regierung gestanden haben, kühneren Versuchen ihre Handlungsweise zu beeinflussen, strengerer Kritik ihrer Taten und grausamerer Mißdeutung ihrer Beweggründe ausgesetzt gewesen sind. Und all diesem begegnete er mit jenem ihm so ganz eigenen, gutmütigen Humor und mit dem uner-

nüdlichen Bestreben, das Rechte zu erkennen und die-
enigen, deren Ansicht von der seinigen abwich, zu
iberzeugen. Seine Unterredungen und sein Brief-
vechsel nicht nur mit Männern in hoher amtlicher
Stellung, sondern mit einfachen Privatleuten waren
inendlich zahlreich, und in einer großen Anzahl von
offenen Briefen, die er angeblich an Versammlungen
und Komitees oder an hervorragende Männer richtete,
vandte er sich direkt an das Verständnis des Volkes
elbst. Die meisten dieser Briefe zählen zu den herr-
ichsten Denkmälern unserer politischen Literatur. So
gab er das eigentümliche Bild eines Präsidenten ab,
der mitten in einem großen Bürgerkriege, unter der
drückenden Last von beispiellos schweren Pflichten
fortwährend die Hauptpunkte seiner Politik mit seinem
Volke erwog und erörterte.

Während er auf diese Weise einen stets wachsenden
Einfluß auf den Volksgeist ausübte, machte ihn sein
wohlwollendes, teilnehmendes Wesen dem Volksherzen
immer teurer. Vergebens stellten ihn Zeitungen und
Redner der Opposition als einen leichtfertigen Spaß-
macher dar, der sich damit amüsierte, allerhand Schnurren
und plumpe Späße zu erzählen, während das Blut des
Volkes in Strömen floß. Das ganze Volk wußte doch,
daß der Mann, der an der Spitze des Staates stand
und auf dessen hagerem, abgehärmtem Gesicht das

schalkhafte Aufblitzen des Humors sich so oft in einen Ausdruck tiefsten Schmerzes verwandelte, mehr als irgend jemand anders von den Leiden, deren er Zeuge sein mußte, ergriffen war. Das ganze Volk empfand, daß er den Schmerz jeder Wunde, die auf dem Schlachtfelde geschlagen worden war, das Herzeleid jeder Frau, die ihren Gatten, und jedes Kindes, das seinen Vater verloren hatte, mitfühlte, daß er, wo er nur konnte, eifrig bemüht war, Trost zu spenden, und daß sein Mitleid nie vergeblich angerufen wurde. Die einfachen Leute aus dem Volk blickten zu ihm auf als zu einem, der mit ihnen fühlte und zu ihnen hielt in all ihren Hoffnungen und Befürchtungen, ihren Freuden und Leiden, und der mit ihnen lachte und weinte. Und wie sein Herz ihnen gehörte, so fühlten sich ihre Herzen zu ihm hingezogen. Seine Popularität war grundverschieden von der Washingtons, der ehrfurchtsvolle Scheu einflößte oder von der Jacksons, des unbesiegbaren Helden, dem der Parteienthusiasmus unermüdlich lärmende Ovationen darbrachte. An Abroham Lincoln hing das ganze Volk in aufrichtiger Freundschaft und Liebe. Dies Gefühl war nicht nur von Achtung, Vertrauen oder Parteistolz bedingt, denn es erstreckte sich weit über die Grenzen der Partei hinaus. Es war lediglich Sache des Herzens und ganz unabhängig von bloßen Vernunftgründen.

Venn die Soldaten im Felde oder ihre Angehörigen u Hause voll Liebe von „Vater Abraham“ sprachen, var das keine bloße Redensart. Sie fühlten, daß der Präsident wirklich wie ein Vater für sie sorgte, und aß jeder einzelne zu ihm gehen konnte, wie man zu einem Vater gehen würde, und seine Sorgen mit hm besprechen und immer sicher sein konnte, ein villiges Ohr und warme Teilnahme zu finden. So vurden ihr Präsident, seine Sache, seine Bestrebungen nd sein Erfolg ihnen allmählich fast zu Familienngelegenheiten. Und diese allgemeine Beliebtheit rug ihn im Triumph durch die Wahl von 1864 trotz iner Opposition innerhalb seiner eigenen Partei, velche anfangs recht beunruhigend erschien.

Viele der radikalen Antisklavereimänner waren on Lincolns Art, die Zeitfragen zu behandeln, wenig rbaut. Sie waren sehr eifrige und meist auch sehr ähige Männer mit sehr bestimmten Ansichten darüber, „wie dieser Aufstand zu unterdrücken sei“. Sie wollten ie Notwendigkeit nicht anerkennen, daß die Schritte er Regierung der Fortentwicklung in den Ansichten und Überzeugungen der breiten Schichten des Volkes anzupassen seien. Sie fanden Lincolns vorsichtige Geschäftsführung unentschlossen, lahm und ohne Energie und Zielbewußtsein. Er hätte mit der Emanzipation nicht so lange zögern sollen. Er hätte die wichtigen

Kommandos nicht Leuten anvertrauen sollen, dere Ansichten über die Sklavereifrage zweifelhaft waren Er hätte die militärischen Befehlshaber ermächtige sollen, beim Vordringen auf feindlichem Gebiet all Sklaven zu befreien. Er behandelte erfolglos kämpfend Generäle zu glimpflich. Er hätte allen Parteiwiderstan mit starker Hand unterdrücken sollen, statt zu versuchen ihn zu beruhigen und zu versöhnen. Er hätte den Volke vollendete Tatsachen bieten sollen, statt mit ihn zu debattieren usw. Allerdings war diese Kriti nicht immer unbegründet. Lincolns Politik hatte neben den Tugenden einer demokratischen Regierung auch einige ihrer Fehler; und diese Fehler nahmen ihr leich in Fällen dringender Not die erforderliche Energie Auch ließ ihn seine Herzensgüte und seine Rücksich auf die Gefühle anderer oft vor einer gewissen Streng zurückschrecken, selbst wenn diese dringend nötig war Aber viele seiner damaligen schärfsten Tadler haben seitdem ihr Urteil genügend gemildert, um anzu- erkennen, daß Lincolns Politik im ganzen genommen die klügste und sicherste gewesen sei. Eine Politi der heroischen Maßnahmen, wenn sie auch manchma große Resultate gehabt hat, konnte in einer Demokratie wie der unsrigen nur durch andauernde Erfolge aufrecht erhalten werden und wäre schnell unter der Last des Mißgeschicks und der Mißerfolge zusammen-

‹brochen. Sie hätte wohl Erfolg haben können, ‹enn die Union bei Beginn des Konflikts ihre Grants ‹d Shermans, Sheridans, Farraguts und Porters ‹rtig an der Spitze ihrer Kriegsmacht gehabt hätte; ‹er, da die großen Feldherren aus der Entwicklung ‹s Krieges selbst lernen und gleichsam entstehen ‹ußten, konnte auf andauernden Erfolg nicht ge‹chnet werden, und es war rätlich, eine Politik zu ‹folgen, welche in freundlicher Fühlung mit dem ‹olksheer stand und daher den schweren Prüfungen ‹s Kriegsunglücks besser standhalten konnte. Aber ‹mals dachten die Kritiker anders, und ihre Unzu‹iedenheit mit Lincolns Handlungen wurde noch sehr ‹ermehrt durch die Schritte, die er zur Rekonstruktion ‹er Südstaaten tat, welche damals zum Teil von den ‹nionstruppen besetzt waren.

Im Dezember 1863 erließ Lincoln eine Amnestie‹roklamation und bot allen in die Rebellion ver‹ickelten Personen, mit gewissen näher bezeichneten ‹usnahmen, Begnadigung unter der Bedingung, daß ‹e einen Eid darauf ablegten, die Verfassung zu unter‹ützen und die Gesetze der Vereinigten Staaten sowie ‹ie Verfügungen des Präsidenten, die Sklaven be‹effend, zu halten. Zugleich versprach Lincoln, daß ‹enn in irgend einem Staate der Sezession so viele ‹Staatsbürger, als einem Zehntel der Wähler von

1860 entsprach, eine Staatsregierung wieder einsetze sollten, welche mit dem obenerwähnten Eide über einstimmte, besagte Regierung von der Exekutive al die wahre Regierung des Staates anerkannt werde sollte. Erst schien diese Proklamation allgemei eine sehr günstige Aufnahme zu finden. Bald wurd jedoch ein anderer, in seinen Einzelheiten viel strengere Rekonstruktionsplan im Hause der Repräsentanten vo Henry Winter Davis beantragt und von Benjami Wade im Senate vertreten. In den letzten Stunde der Tagung vom Juli 1864 wurde dieses neu Projekt angenommen; aber Lincoln machte es noc nicht durch seine Unterschrift zum Gesetz, sonder nahm es in den Wortlaut einer Proklamation al einen Rekonstruktionsplan auf, der ernstlicher Erwägun würdig sei. Die Meinungsverschiedenheiten über diese Gegenstand hatten das im Kreise der Radikalen scho lange gegen Lincoln gehegte Gefühl nur verstärk und einige unter ihnen erklärten laut ihr Vorhaben sich seiner Wiederwahl zum Präsidenten zu widersetzen Ähnliche Ansichten wurden auch von den extrem gesinnten Antisklavereimännern in Missouri ge äußert. Sie hatten nämlich in dem heißen Partei kampfe mit den „Konservativen" jenes Staates be Lincoln nicht die tätige Unterstützung gefunden, di sie erwartet hatten. Und noch einige andere Anhänge er Union, besonders im Osten, schüttelten ernsthaft as Haupt bei Erwägung der Frage, ob Lincoln viedergewählt werden solle. Es waren diejenigen, enen ein Idealbild eines Präsidenten von staatsnännischer Weisheit und Würde im Amt vorschwebte, velchem nach ihrer Ansicht die Persönlichkeit Lincolns ehr wenig entsprach. Es verletzte sie, wenn sie hörten, vie er eine ernsthafte Beweisführung mit der Geschichte von einem Manne „da draußen in Sangamon County" übertrumpfte. Mit dieser Geschichte traf er reilich den Nagel auf den Kopf, aber sie ließ doch llzu sehr die nötige Würde vermissen. Sie konnten en Mann nicht verstehen, der eben vor Eröffnung iner Kabinettssitzung es vermochte, seinen Sekretären in drolliges Kapitel aus dem neuesten Buche von Artemus Ward vorzulesen, mit dem er in einem nbeschäftigten Augenblick sein sorgenvolles Gemüt rheitert hatte, und der gleich darauf dem Rate der Exekutive feierlich erklärte, er habe im Herzen ein Gelübde getan, eine Proklamation zur Befreiung der Sklaven zu erlassen, sobald der Allmächtige den Unionswaffen wieder einen Sieg verleihen würde. Die Schwäche eines Präsidenten erschreckte sie, der wohl en dringenden Einwendungen von Staatsmännern egen seine Politik widerstehen konnte, aber nicht dem lehenden Bitten einer alten Frau, deren Sohn wegen

Fahnenflucht erschossen werden sollte. Diese Männer waren meist aufrichtige und glühende Patrioten, und es war nicht nur ihr Wunsch, sondern ihr eifriges Bestreben, Lincolns abermalige Nominierung zu hindern. Nicht wenige unter ihnen glaubten im Jahre 1863 bestimmt, daß, wenn der Nationalkonvent der Unionspartei berufen würde, Lincoln von keinem Delegierten irgendeines Staates unterstützt werden würde. Aber als im Juni 1864 der Konvent in Baltimore zusammentrat, machte sich die Stimme des Volkes geltend. Beim ersten Wahlgang erhielt Lincoln die Stimmen der Delegierten aller Staaten mit Ausnahme von Missouri, und sogar die Vertreter dieses Staates übertrugen ihm, noch ehe das Resultat des ersten Wahlganges bekannt geworden war, ihre Stimmen.

Selbst nach seiner abermaligen Nominierung legte sich der Widerstand gegen Lincoln in den Reihen der Unionspartei noch lange nicht. Ein Konvent, der von den unzufriedenen Radikalen in Missouri berufen und von ähnlich denkenden Männern in anderen Staaten begünstigt worden war, hatte bereits im Mai getagt und zu seinem Präsidentschaftskandidaten General Fremont nominiert. Er fand allerdings keinen großen Anhang, aber andere Oppositionsbewegungen von verschiedenen Seiten erschienen nunmehr bedrohlicher. Henry Winter Davis und Benjamin Wade griffen incoln in einem flammenden Manifeste an. Andere ochstehende Unionsmänner von unantastbarem Patrio-smus, überredeten sich selbst und suchten andere zu berzeugen, daß die abermalige Nominierung Lincolns nvorsichtig und der Sache der Union gefährlich sei.)a die Demokraten ihren Konvent bis zum 29. August inausgeschoben hatten, bot sich der Unionspartei yährend des größeren Teiles des Sommers kein egenkandidat und keine gegnerische Plattform zum ngriff, und die politische Kampagne ermattete. Auch ie Nachrichten vom Kriegsschauplatze waren recht rostloser und entmutigender Art. Die furchtbaren)erluste, welche Grants Heer in den Schlachten der ogenannten Wilderneß erlitten hatte, verbreiteten berall dumpfe Trauer. Sherman schien eine Zeit-ang vor Atalanta in einer gefährlichen Lage zu sein.)ie Opposition gegen Lincoln innerhalb der Unions-artei erhob immer neue Klagen und entmutigende)rophezeiungen. Die ernste Forderung wurde laut, aß seine Kandidatur zurückgezogen werden müßte. incoln selbst, der nicht wußte, in wie starker Liebe ie großen Massen des Volkes an ihm hingen, war on trüben Vorahnungen einer Niederlage heimgesucht. Ind nun änderte sich mit einem Schlage die ganze Sachlage. Die Demokraten erklärten in ihrem Konvent, aß der ganze Krieg ein großer Mißerfolg sei, verlangten in der Hauptsache Frieden um jeden Prei und nominierten auf Grund dieser Plattform Genera Mc Clellan zu ihrem Kandidaten. Ihr Konvent hatt sich kaum vertagt, als die Einnahme von Atalant der militärischen Lage ein ganz neues Ansehen gab Es war wie ein Sonnenstrahl, der durch dunkle Wolke bricht. Die Reihen der Unionspartei erhoben sic wie e i n Mann in wachsender Begeisterung, und da Lied „We are coming, Father Abraham, three hundre thousand strong“ hallte im ganzen Lande wider Lange vor Anbruch des entscheidenden Tages wa das Resultat der Wahl zweifellos gesichert, un Lincoln wurde mit überwältigender Majorität zu Präsidenten wiedererwählt. Als die Wahl vorübe war, mußten auch Lincolns strengste Kritiker zugeben daß er zu jener Zeit (1864) der einzig mögliche Kandida für die Unionspartei war, und daß es weder politi-scher Kombinationen und Reden noch der Erfolg auf dem Schlachtfelde bedurft hätte, um seinen Sie zu sichern. Die breiten Schichten des Volkes ware während der ganzen Zeit mit Abraham Lincoln zu frieden gewesen; sie hatten Vertrauen zu ihm, si liebten ihn, sie fühlten sich ihm nahe, sie sahen i ihm die Sache der Union wie diejenige der Freihei verkörpert, und sie gingen für ihn wie e i n Man zur Wahlurne.

Die Stunde des Triumphes löste alle charakte-
tischen Seiten seines Wesens aus. Die Opposition
nerhalb der Unionspartei hatte ihn aufs tiefste
kränkt. Nun standen seine Widersacher geschlagen
nd gedemütigt ihm gegenüber. Er aber zögerte
inen Augenblick, allen die Freundeshand zu bieten.
uf ein ihm dargebrachtes Ständchen antwortete er
it folgenden Worten: „Wollen wir nicht alle jetzt,
o der Wahlkampf vorüber ist, uns auf unser ge-
einsames Interesse besinnen und uns zusammen
r Rettung unseres gemeinsamen Vaterlandes
idmen? Was mich betrifft, so habe ich stets danach
estrebt und werde weiter danach streben, solchem
emeinsamen Werke kein Hindernis in den Weg zu
gen. So lange ich an dieser Stelle gestanden habe,
in ich niemals absichtlich einem anderen zu nahe
etreten. Ich bin von Herzen dankbar für das Ver-
auen, das zu meiner Wiederwahl geführt hat, aber
eine Befriedigung ist darum nicht größer, weil irgend-
in anderer vielleicht von diesem Ergebnis verletzt oder
nttäuscht ist. Darf ich alle, die im Kampfe mit mir waren,
itten, sich dieser Gesinnung gegen solche, die gegen mich
waren, zu befleißigen?" Derart bestand Abraham Lin-
oln die Feuerprobe des höchsten Glückes und Erfolges.

Der Krieg war tatsächlich entschieden, aber noch
icht beendet. Sherman führte die Unionsfahne

unwiderstehlich weiter durch den Süden. Grant hie die Wälle von Richmond in eisernem Griff. D Tage der Konföderation waren offenbar gezählt. E blieb nur noch ein letzter Schlag zu führen. Dar rückte Lincolns zweite Inauguration heran und m ihr seine zweite Inaugurationsrede. Lincolns b rühmte „Gettysburg Rede" ist viel und berechtigte weise bewundert worden; aber viel größer, erhaben und charakteristischer war jene Inaugurationsrede, i welcher sich die volle Hingabe und die nachsichtige Mild seiner großen Seele offenbarten. Diese Rede hat die ganze Feierlichkeit der letzten Ermahnung und de letzten Segens, die ein Vater vom Totenbette a seine Kinder richtet. Sie schloß mit den Worten: „Wi hoffen und flehen innigst, daß diese grausame Geiß des Krieges bald von uns genommen werden möcht Wenn es aber Gottes Wille ist, daß der Krieg dauer bis all der von den Sklaven in unbesoldeter Arbei während zweihundertfünfzig Jahren angesammelt Reichtum verausgabt, und bis jeder durch die Peitsch vergossene Blutstropfen durch einen mit dem Schwert vergossenen gerächt ist, dann können wir sagen wie schon vor dreitausend Jahren der Psalmist gesag hat: „Die Gebote des Herrn sind lauter, und di Rechte des Herrn sind wahrhaftig, allesamt gerecht." Lassen Sie uns versuchen, ohne Groll gegen irgen emand und mit nachsichtiger Liebe gegen jeden, fest und standhaft im Rechten, so wie es uns Gott vergönnt, das Rechte zu erkennen, unsere Arbeit zu vollenden. Lassen Sie uns versuchen, die unserem Volke geschlagenen Wunden zu heilen, für diejenigen zu sorgen, die unter Schrecken und Not der Schlacht gelitten haben und ihrer Witwen und Waisen zu gedenken, — kurz lassen Sie uns versuchen, alles zu tun, was einen gerechten und dauernden Frieden unter uns und mit allen anderen Völkern herbeiführen und sichern kann."

Dies klang wie ein frommes, heiliges Lied. Kein amerikanischer Präsident hatte je solche Worte an das amerikanische Volk gerichtet. Amerika hatte noch keinen Präsidenten gehabt, der solche Worte in der Tiefe seines Herzens gefunden hatte.

Nun folgten die letzten Szenen des Kriegsdramas. Die südstaatlichen Armeen kämpften bis zuletzt tapfer, aber vergeblich. Richmond fiel. Lincoln selbst betrat die eroberte Stadt zu Fuß und nur in Begleitung von ein paar Offizieren und einer Abteilung Matrosen, die ihn von der Flottille auf dem James-River ans Land gerudert hatten. Ein unterwegs aufgelesener Neger diente als Führer. Niemals hatte die Weltgeschichte einen so bescheidenen Sieger oder einen so schlichten Triumphzug gesehen; da war kein Heer mit

Fahnen und klingendem Spiel, nur eine große Menge früherer Sklaven, die schnell herbei eilten und das siegreiche Staatsoberhaupt in die Hauptstadt des besiegten Feindes geleiteten. Es wird berichtet, daß sie den Präsidenten umdrängten, seine Hände und sein Gewand küßten und vor Freude jauchzten und tanzten, während ihm die Tränen über die von Sorgen gefurchten Wangen herabliefen.

Die nächsten Tage schon brachten die Nachricht von der Übergabe von Lees Heer, und der Friede war gesichert. Im Norden waren die Leute vor Freude fast von Sinnen. Überall donnerten Freudenschüsse und erklang festliches Glockengeläute, überall drängte sich eine dankerfüllte, jubelnde Menge auf den Straßen. Da plötzlich drang durch das ganze Land die Kunde von der Ermordung Abraham Lincolns. Das Volk war wie betäubt von diesem Schlage. Dann aber erhob sich solch ein Wehgeschrei des Schmerzes, wie es Amerika nie vorher gehört hatte. Tausende von Familien im Norden trauerten, als ob sie ihr teuerstes Mitglied verloren hätten; und mancher Einsichtige im Süden rief schmerzlich bewegt aus, daß mit Abraham Lincoln *seinem* Volke in der bittersten Not und Demütigung der beste Freund geraubt worden sei. Es war als ob die zärtliche Liebe, die seine Mitbürger für ihn hegten, auch in fremden Nationen ähnliche

efühle hervorgerufen hatte. Die ganze zivilisierte
lenschheit stand trauernd und erschüttert an der
Bahre des toten Präsidenten. Viele, sowohl in der
Heimat wie im Auslande, die ihn noch vor kurzem
icherlich gemacht und geschmäht hatten, waren nun
emüht, ihn hochzupreisen, und in dem allgemeinen
hor der Klage und des begeisterten Lobes war keine
timme, die nicht in aufrichtiger, schmerzlicher Rührung
itterte. Seit Washingtons Tode war niemals eine
olche Einstimmigkeit im Urteil über die Tugenden
nd die Größe eines Mannes gewesen, und sogar
Vashingtons Tod hatte, trotzdem sein Name mit noch
rößerer Ehrfurcht genannt wurde, keine so teil-
ehmende Saite im Volksherzen berührt.

Man kann nicht sagen, daß dies nur eine Folge
on Lincolns tragischem Tode war. Allerdings war
er Tod dieses warmherzigsten und mildesten Herrschers
on der Hand eines wahnsinnigen Fanatikers wohl
azu angetan, ihn in der Hochschätzung derer, die ihn
iebten, über Verdienst zu erhöhen und seinen Ruhm
um Gegenstande einer besonders liebevollen Sorge
u machen. Aber es ist auch wahr, daß die Zeit dem
n jenen Tagen über ihn gefällten Urteil wenig Abbruch
etan hat, und daß die historische Forschung die An-
rkennung seiner Tugenden, seiner Fähigkeiten und
einer Verdienste eher gesteigert als vermindert hat.

Der Historiker wird freilich die Verdienste von Lincolns tüchtigen Ministern gebührend anerkennen, so z. B. Sewards treffliche Führung der auswärtigen Angelegenheiten, die Art, wie Chase unter furchtbaren Schwierigkeiten die Finanzen verwaltete, und Stantons gewaltige und schwierige Arbeit als Kriegssekretär; er wird ferner anerkennen, daß ohne die Geschicklichkeit, den Mut und die Standhaftigkeit der großen Feldherren und den aufopfernden Heldenmut der von ihnen geführten Soldaten und Seeleute kein Erfolg möglich gewesen wäre, und doch wird er finden, daß Lincolns Urteil und Wille durchaus nicht von seiner Umgebung beherrscht wurden. Sein Geist war der leitende und ausschlaggebende, und er war es hauptsächlich, dessen Weisheit und dessen Charakter für die Regierung in ihren schweren Kämpfen die Billigung, die Teilnahme und die Unterstützung des Volkes gewann. Es hat sich sogar herausgestellt, daß sein Urteil in militärischen Dingen erstaunlich scharfsinnig und richtig war, und daß die Instruktionen und Befehle, die er den im Felde stehenden kommandierenden Generälen zukommen ließ, nicht selten den tüchtigsten unter ihnen Ehre gemacht haben würden. Wenn daher die Geschichte auch keinen seiner Fehler und Mängel übersieht, beschönigt oder entschuldigt, so stellt sie ihn doch immer noch in die erste Reihe der Retter der Union nd der Befreier der Sklaven. Und mehr noch, sie richt ihm das große Verdienst zu, dasjenige ver-irklicht zu haben, was wenige Politiker und Philo-phen für möglich gehalten hätten, nämlich, die Republik durch einen vierjährigen erbitterten Bürger-ieg hindurchzuführen, ohne daß ihre freien Institu-onen nennneswerten Schaden gelitten hätten.

Während seiner Präsidentschaft wurde er allerdings on der Opposition öffentlich als Tyrann und Usurpator ngeklagt, weil er seine verfassungsmäßigen Rechte berschritten habe, dadurch, daß er die zeitweilige nterdrückung von Zeitungen veranlaßte oder ge-attete, die Habeas-Corpus-Akte eigenmächtig aufhob nd willkürliche Verhaftungen vornehmen ließ. Keiner ürfte getadelt werden, der in gutem Glauben und us patriotischen Rücksichten gegen solche Dinge roteſtierte. In einer Republik sollten eigenmächtige laßregeln niemals ohne Protest auf der einen und ersuche der Rechtfertigung auf der anderen Seite urchgehen. Und es ist gut, daß sie während unseres Bürgerkrieges nicht so durchgingen. Daß eigenmächtige laßregeln ergriffen wurden, ist wahr. Daß sie nur ehr spärlich angewandt wurden und nur, wenn die Regierung sie für die Sicherheit der Republik unum-änglich notwendig hielt, wird heute wohl kaum eleugnet werden. Aber sicher gibt es in der Weltgeschichte kein Beispiel, daß eine Regierung durch eine so gewaltige Krisis, wie sie der amerikanische Bürgerkrieg war, mit einer so geringen Anzahl von eigenmächtigen Handlungen und so wenig Eingriffen in den gewöhnlichen Lauf der Gesetze, abgesehen von den auf dem Kriegsschauplatz begangenen hindurchgekommen ist. Kein amerikanischer Präsident hat je so viel Macht gehabt, als damals in Lincolns Hände gelegt wurde, und man kann nur hoffen, daß es nie nötig sein wird, einem amerikanischen Präsidenten wieder soviel Macht anzuvertrauen. Aber keinem Menschen ist diese Macht je anvertraut worden, dem ihre Versuchungen weniger gefährlich waren als Abraham Lincoln. Mit peinlicher Sorgfalt versuchte er, selbst unter den schwierigsten Umständen, genau innerhalb der verfassungsmäßigen Grenzen seiner Macht zu bleiben. Wurden aber diese Grenzen unsicher, oder zwangen ihn die Gefahren der Lage, sie zu überschreiten, so bezeichnete er jedesmal mit derselben peinlichen Genauigkeit seine Handlungen als Ausnahmemaßregeln, welche nur durch die vom Bürgerkriege bedingte Zwangslage zu rechtfertigen seien, und auf diese Weise verhinderte er, daß sie als Präzedenzfälle für Friedenszeiten in die Geschichte übergingen. Es ist eine erwiesene Tatsache, daß in der auf den Krieg folgenden Rekonstruktionsperiode mehr Dinge

:etan wurden, die als gefährliche Präzedenzfälle gelten
onnten, als während des Krieges selbst. Es kann also
n Wahrheit von Lincoln gesagt werden, daß unter
einer Führung nicht nur die Republik vor Spaltung
ewahrt und das Land von dem Schandfleck der
Sklaverei gereinigt wurde, sondern daß in der
türmischsten und kritischsten Periode der Geschichte
er Vereinigten Staaten er seine Regierung so führte
ınd seine fast diktatorische Macht so handhabte,
aß er die amerikanischen freien Institutionen,
n allem was die Rechte und Freiheiten der Bürger
etraf, tatsächlich unangetastet ließ. Er verstand
ehr wohl das Wesen dieses Problems. In
einer ersten Botschaft an den Kongreß erklärte er
s in wunderbar scharfsinnigen Worten: „Muß eine
:epublikanische Regierung notwendigerweise entweder
u stark für das Freiheitsbewußtsein ihres Volkes sein,
oder zu schwach, um sich selbst zu erhalten? Besteht
n allen Republiken diese innerliche Schwäche?“ Diese
Frage beantwortete er namens des großen amerika-
uischen Volkes, wie kein Mensch sie hätte besser be-
ıntworten können, mit einem triumphierenden:
„Nein!“

Man hat gesagt, daß Lincoln für seinen eigenen Ruhm im richtigen Augenblick gestorben ist. Wie dem auch sein mag, jedenfalls hatte zur Zeit seines Todes sein Land den Nutzen, den es von seiner Persönlichkeit haben konnte, noch nicht voll ausgeschöpft. Sein Werk war noch nicht vollendet. Er war vermutlich der einzige, der sein Volk durch die Wirren der Rekonstruktionsperiode so hätte hindurch führen können, daß in der Arbeit des Friedens das Wiederaufflammen der Kriegsleidenschaften verhindert worden wäre. Er wäre gewiß nicht ernstem Widerspruch hinsichtlich der Einzelheiten seiner Politik entgangen, aber er hätte die Stürme viel besser als irgend ein anderer Staatsmann seiner Zeit bestehen können, denn sein Ansehen war bei den praktischen Politikern seiner Tage durch seine siegreiche Wiederwahl ungeheuer gewachsen. Er wäre auch — und dies ist noch wichtiger — von dem Vertrauen der beiden streitenden Parteien getragen worden: von dem Vertrauen der siegreichen Nordstaatler, daß er alles, was in seiner Macht stand, tun würde, um die Sicherheit der Union und die Rechte der befreiten Negersklaven zu befestigen und von dem Vertrauen der besiegten Südstaatler, daß er nicht das geringste aus unbesonnenem Fanatismus oder aus egoistischen Parteimotiven tun würde. „Ohne Groll gegen irgend jemand und mit nachsichtiger Liebe gegen jeden" — gewiß, wie er der erste unter allen Siegern war, so würde er in sich auch den Genius der Versöhnung verkörpert haben.

Auch in anderer Weise hätte er dem Lande einen roßen Dienst leisten können. Wenige Tage nach der lbergabe von Richmond, zeigte er einem Freunde die Nenge Stellenjäger, die sich vor seiner Türe drängten. Sieh dir das mal an", sagte er. „Den Aufstand haben vir besiegt, aber hier siehst du etwas, was der Republik ıoch gefährlicher werden kann, als es der Aufstand var." Freilich hat Lincoln als Präsident nicht dem ;ehuldigt, was wir heutzutage Reform der Verwaltung ıennen. Er benutzte das Patronatsrecht der Regierung nanchmal eingestandenermaßen dazu, Arbeit in der Partei zu belohnen, manchmal um Kombinationen ınd politische Wirkungen hervorzubringen, welche die Sache der Union förderten, und manchmal auch nur, ım einfach den rechten Mann an die rechte Stelle u setzen. In seinen Bemühungen, die Unionsache u stärken und zu fördern, und in seinem Bestreben, ähige und tüchtige Leute für die öffentlichen Ämter u finden, ging er jedoch oft über die Grenzen seiner Partei hinaus und gewöhnte sich nach und nach an en Gedanken, daß, wenn es auch wichtig sei, der Partei zu dienen, doch bei der Besetzung von Ämtern das öffentliche Interesse ungleich wichtiger sei. Ferner hatte, um die Union während des Bürgerrieges zu unterstützen, eine solche Vermengung der erschiedenen politischen Elemente stattgefunden, daß

Lincoln, der an der Spitze dieser buntdurcheinander gewürfelten Masse stand, sich selbst kaum in des Wortes eigentlicher Bedeutung als Parteimann fühlte. Die Gefahren, welcher man die Republik dadurch aussetzte, daß öffentliche Ämter als Parteibeute behandelt wurden, machten allmählich einen großen Eindruck auf ihn, und es ist durchaus nicht unwahrscheinlich, daß, wenn er am Leben geblieben wäre und die große Krisis ihn nicht mehr ganz und gar in Anspruch genommen hätte, er Zeit gefunden haben würde, sich auch anderen Dingen zuzuwenden, und eine der wichtigsten Reformen späterer Tage von seinem mächtigen Geist schon damals eingeleitet worden wäre. Dies hat nicht sein sollen. Aber das Maß seiner Leistungen war für die Unsterblichkeit voll genug.

Der jüngeren Generation ist Abraham Lincoln schon eine halbmythische Gestalt geworden, die im fernen Dämmerlicht der Geschichte immer gewaltigere und heldenhaftere Verhältnisse annimmt, aber auch an Klarheit und Bestimmtheit der Umrisse einbüßt. Dies ist allerdings das gewöhnliche Schicksal von Volkshelden. Ein romantischer Nimbus wird Lincoln in mehr als gewöhnlichem Maße umweben, weil seine öffentliche Laufbahn so viele überraschende Gegensätze aufwies, und weil seine Persönlichkeit, in der so viele anscheinend entgegengesetzte Eigenschaften und Trieb-

äfte, zugleich eine solche geistige Bedeutung und eine
lche wohlwollende Liebenswürdigkeit, sich vereinigten,
anz einzig war. In dem Maße, wie die Menschen und
ie Verhältnisse, unter denen Abraham Lincoln auf-
uchs, entschwinden, wird die Welt mit immer größerem
rstaunen und immer größerer Bewunderung von ihm
sen und immer klarer erkennen: Dieser Mann von
escheidenster, ja niedrigster Abkunft blieb immer der
hlichteste, anspruchloseste Bürger seines Staates
nd wurde doch zu einer in der Geschichte Amerikas
ie dagewesenen Machtstellung erhoben. Er war der
anfteste, friedliebendste unter den Menschen, er
onnte kein Geschöpf leiden sehen, ohne den Schmerz in
er eigenen Brust zu fühlen, und doch sah er sich plötzlich
or die Aufgabe gestellt, den größten und blutigsten
rieg seines Vaterlandes zu führen. In seinen Händen
agen die Zügel der Regierung zu einer Zeit, als strenge
ntschlossenheit und rücksichtslose Gewalt an der Tages-
rdnung waren, und doch gewann und beherrschte er
eist und Gemüt des Volkes durch sein mildes, mit-
ihlendes Wesen. Er war von Natur und Ge-
nnung ein Konservativer und stand doch an der Spitze
er plötzlichsten und durchgreifendsten Umwälzung
nserer Zeit. Er bewahrte selbst in der angesehensten
tellung jener Zeit seine schlichte Sprache und seine
infachen Sitten, was ihm das Gespött der vornehmen

Welt zuzog, und doch packte er die Seele der Menschen und erschütterte sie durch Worte von wunderbarer Erhabenheit und Schönheit. In seinem Herzen war er der beste Freund des besiegten Südens und doch wurde er ermordet, weil ein wahnsinniger Fanatiker ihn für den grausamsten Todfeind des Südens hielt. Während er am Ruder war, wurde er von der Parteien wildem Haß und Hader umtobt, geschmäht und verleumdet; aber um seine Bahre scharten sich Freunde und Feinde und priesen ihn, wie sie seitdem nie mehr aufgehört haben, ihn zu preisen, als einen der größten Bürger Amerikas und einen der edelsten Menschen

Kolibri 360 GmbH
Ferdinand-Jühlke-Straße 7
99095 Erfurt, Deutschland
produktsicherheit@kolibri360.de